配网专业实训技术丛书

低压配电设备
运行与检修技术

主　编　程辉阳　卢晓峰

副主编　舒　俊　郝力军　楼伟杰　方玉群

中国水利水电出版社
www.waterpub.com.cn

·北京·

内 容 提 要

本书是《配网专业实训技术丛书》之一，主要内容包括：低压配电线路设备概述，低压架空线路施工工艺及验收，配变低压一体箱施工工艺及验收，防雷设施施工工艺及验收，低压配电线路设备标识命名及使用，低压架空线路运行与维护，配变低压一体箱运行与维护，防雷设施、接地装置、构筑物及基础运行与维护，低压配电线路设备缺陷及评级管理，低压配电设备操作，低压配电线路检修，低压配电设备检修，防雷设施检修，低压配电线路设备故障处理及案例分析。

本书可作为低压配电线路工培训教材，也可作为电力系统新进员工培训用书，还可作为从事低压配电线路安装、验收、检修及运行工程技术人员的参考用书。

图书在版编目（CIP）数据

低压配电设备运行与检修技术 / 程辉阳，卢晓峰主编. -- 北京：中国水利水电出版社，2018.9（2022.4重印）
（配网专业实训技术丛书）
ISBN 978-7-5170-6996-6

Ⅰ. ①低… Ⅱ. ①程… ②卢… Ⅲ. ①低压电器－配电装置－电力系统运行②低压电器－配电装置－检修 Ⅳ. ①TM642

中国版本图书馆CIP数据核字(2018)第232219号

书　　名	配网专业实训技术丛书 **低压配电设备运行与检修技术** DIYA PEIDIAN SHEBEI YUNXING YU JIANXIU JISHU	
作　　者	主　编　程辉阳　卢晓峰 副主编　舒　俊　郝力军　楼伟杰　方玉群	
出版发行	中国水利水电出版社 （北京市海淀区玉渊潭南路1号D座　100038） 网址：www.waterpub.com.cn E-mail：sales@mwr.gov.cn 电话：(010) 68545888（营销中心）	
经　　售	北京科水图书销售有限公司 电话：(010) 68545874、63202643 全国各地新华书店和相关出版物销售网点	
排　　版	中国水利水电出版社微机排版中心	
印　　刷	天津嘉恒印务有限公司	
规　　格	184mm×260mm　16开本　11印张　261千字	
版　　次	2018年9月第1版　2022年4月第2次印刷	
印　　数	4001—5000册	
定　　价	**58.00元**	

《配网专业实训技术丛书》
丛书编委会

本书编委会

前　言

近年来，国内城市化建设进程不断推进，居民生活水平不断提升，配网规模快速增长，社会对配网安全可靠供电的要求不断提高，为了加强专业技术培训，打造一支高素质的配网运维检修专业队伍，满足配网精益化运维检修的要求，我们编制了《配网专业实训技术丛书》，以期指导提升配网运维检修人员的理论知识水平和操作技能水平。

本丛书共有六个分册，分别是《配电线路运维与检修技术》《配电设备运行与检修技术》《柱上开关设备运维与检修技术》《配电线路工基本技能》《配网不停电作业技术》以及《低压配电设备运行与检修技术》。作为从事配电网运维检修工作的员工培训用书，本丛书将基本原理与现场操作相结合，将理论讲解与实际案例相结合，全面阐述了配网运行维护和检修相关技术要求，旨在帮助配网运维检修人员快速准确判断、查找、消除故障，提升配网运维检修人员分析、解决问题能力，规范现场作业标准，提升配网运维检修作业质量。

本丛书编写人员均为从事配网一线生产技术管理的专家，教材编写力求贴近现场工作实际，具有内容丰富、实用性和针对性强等特点，通过对本丛书的学习，读者可以快速掌握配电运行与检修技术，提高自己的业务水平和工作能力。

在本书编写过程中得到过许多领导和同事的支持和帮助，使内容有了较大改进，在此向他们表示衷心感谢。本书编写参阅了大量的参考文献，在此对其作者一并表示感谢。

由于编者水平有限，书中疏漏和不足之处在所难免，敬请广大读者批评指正。

编者

目　　录

第1章 低压配电线路设备概述

1.1 低压配电线路

1.1.1 低压架空线路

低压架空线路主要由杆塔、横担、导线、绝缘子、金具及拉线组成。如图1-1所示。

1.1.1.1 杆塔

杆塔的作用是支撑导线，确保导线与大地、树木、建筑物以及被跨越的电力线路、通信线路等之间保持足够的安全距离，并在各种气象条件下，保证送电线路能够安全可靠地运行。

杆塔按材质分类，可分为钢筋混凝土杆塔、钢管杆塔。其中：钢筋混凝土杆塔是配电线路中应用最为广泛的一种杆塔，它由钢筋混凝土浇筑而成，具有造价低廉、使用寿命长、美观、施工方便、维护工作量小等优点；钢管杆塔主要采用预制式钢管塔，预制式钢管塔多为插接式钢管杆塔，采用钢管预制而成，安装简便，但是比较笨重，给运输和施工带来不便。

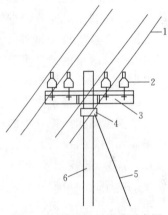

图 1-1　低压架空线路示意图
1—导线；2—绝缘子；3—横担；
4—金具；5—拉线；6—杆塔

杆塔按其在架空线路中的用途可分为直线杆、耐张杆、转角杆、终端杆、分支杆、跨越杆等。

（1）直线杆用在线路的直线段上，以支持导线、绝缘子、金具等重量，并能够承受导线的重量和水平风力荷载，但不能承受线路方向的导线张力。直线杆的导线用线夹和悬式绝缘子串挂在横担下或用针式绝缘子固定在横担上。

（2）耐张杆主要承受导线或架空地线的水平张力，同时将线路分隔成若干耐张段（耐张段长度一般不超过2km），以便于线路的施工和检修，并可在事故情况下限制倒杆断线的范围。耐张杆的导线用耐张线夹和耐张绝缘子串或用蝶式绝缘子固定在杆塔上，杆塔两边的导线用弓子线连接起来。

（3）转角杆用在线路方向需要改变的转角处，正常情况下除承受导线等垂直载荷和内角平分线方向的水平风荷载外，还要还要承受内角平分线方向导线全部拉力的合力，在事故情况下还要能承受线路方向导线的重量。转角杆有直线型和耐张型两种型式，具体采用哪种型式可根据转角的大小及导线截面的大小来确定。

（4）终端杆用在线路的首末两终端处，是耐张杆的一种，正常情况下除承受导线的重量和水平风力荷载外，还要承受顺线路方向导线全部拉力的合力。

（5）分支杆用在分支线路与主配电线路的连接处，在主干线方向上它可以是直线型或耐张型杆，在分支线方向上时则需用耐张型杆。分支杆除承受直线杆塔所承受的载荷外，还要承受分支导线等垂直荷载、水平风荷载和分支方向导线全部拉力。

（6）跨越杆用在跨越公路、铁路、河流和其他电力线等大跨越的地方。为保证导线具有必要的悬挂高度，一般要加高杆塔；为加强线路安全，保证足够的强度，还需加装拉线。

1.1.1.2　横担

横担用于支撑绝缘子、导线及柱上配电设备，保护导线间有足够的安全距离。因此，横担要有一定的强度和长度。按材质分类，横担可分为铁横担、木横担和陶瓷横担等三种。低压架空线路上一般均使用铁横担。

铁横担一般采用等边角钢制成，要求热镀锌，推荐镀锌层厚不小于 $60\mu m$。因其为型钢，造价较低，并便于加工，所以使用最为广泛。

10kV 架空线路上常用铁横担规格为 $63mm\times63mm\times6mm$ 的角钢，在需要架设大跨越线路、双回线路或安装较重的开关时，亦采用 $75mm\times75mm\times8mm$ 等规格的角钢。为统一规范，在低压架空线路上也常用 $63mm\times63mm\times6mm$ 的角钢，亦可采用 $50mm\times50mm\times5mm$ 的角钢。为便于施工管理，横担规格尺寸应统一，并系列化。

根据受力情况，横担也可分为直线型、耐张型和终端型等。直线型横担只承受导线的垂直荷载，耐张型横担主要承受两侧导线的拉力差，终端型横担主要承受导线的最大容许拉力。终端型横担根据导线的截面，一般应为双担，当架设大截面导线或大跨越档距时，双担平面间应加斜撑板。

1.1.1.3　导线

导线用于传导电流，导线材料一般由铜、铝或钢制成，也有的用银制成。导线常年在大气中运行，长期受风、冰、雪和温度变化等气象条件的影响，承受着变化拉力的作用，同时还受到空气中污物的侵蚀。导线分为裸导线和绝缘导线。

（1）裸导线除应具有良好的导电性能外，还必须有足够的机械强度和防腐性能，并要质轻价廉。常用导线材料铜、铝、钢的主要电气及机械性能见表 1-1。作架空线路的导线通常采用导电性能良好的铜线、铝线、钢芯铝线等。

表 1-1　　　　　　常用导线材料铜、铝、钢的主要电气及机械性能

性　　能	铜	铝	钢
密度/(g·cm⁻³)	8.9	2.7	7.8
抗拉强度/(N·mm⁻²)	382	157	1244
熔点/℃	1033	658	1530
电阻系数（20℃时）/(Ω·mm²·m⁻¹)	0.0179	0.0283	0.1800
电阻温度系数/(℃⁻¹)	0.00385	0.00403	0.00600

铝的导电性仅次于银、铜，但由于铝的机械强度较低，耐腐蚀能力差，所以裸铝线不宜架设在化工区和沿海地区，一般用在中、低压配电线路中，而且挡距一般不超过100m。常用铝绞线的主要技术参数见表 1-2。

表 1 - 2　　　　　　　　　　　　　常用铝绞线的主要技术参数

标称截面铝	计算面积/mm²	单线根数	直径		单位长度质量/(kg·km⁻¹)	额定拉断力/kN	20℃直流电阻/(Ω·km⁻¹)
			单线/mm	绞线/mm			
10	10.0	7	1.35	4.05	27.4	1.95	2.8578
16	16.1	7	1.71	5.13	44.0	3.05	1.7812
25	24.9	7	2.13	6.39	68.3	4.49	1.1480
35	34.4	7	2.50	7.50	94.1	6.01	0.8333
40	40.1	7	2.70	8.10	109.8	6.81	0.7144
50	49.5	7	3.00	9.00	135.5	8.41	0.5787
63	63.2	7	3.39	10.2	173.0	10.42	0.4532
70	71.3	7	3.60	10.8	195.1	11.40	0.4019
95	95.1	7	4.16	12.5	260.5	15.22	0.3010
100	100	19	2.59	13.0	275.4	17.02	0.2874
120	121	19	2.85	14.3	333.5	20.61	0.2374
125	125	19	2.89	14.5	343.0	21.19	0.2309
150	148	19	3.15	15.8	407.4	24.43	0.1943
160	160	19	3.27	16.4	439.1	26.33	0.1803
185	183	19	3.50	17.5	503.0	30.16	0.1574
200	200	19	3.66	18.3	550.0	31.98	0.1439
210	210	19	3.75	18.8	577.4	33.58	0.1371
210	239	19	4.00	20.0	657.0	38.20	0.1205
250	250	19	4.09	20.5	686.9	39.94	0.1153
300	298	37	3.20	22.4	820.7	49.10	0.0969
315	315	37	3.29	23.0	867.6	51.90	0.0917
400	400	37	3.71	26.0	1103.2	64.00	0.0721
450	451	37	3.94	27.6	1244.2	72.18	0.0639
500	503	37	4.16	29.1	1387.1	80.46	0.0573
560	560	37	4.39	30.7	1544.7	89.61	0.0515
630	631	61	3.63	32.7	1743.8	101.0	0.0458
710	710	61	3.85	34.7	1961.5	113.6	0.0407
800	801	61	4.09	36.8	2213.7	128.2	0.0360
900	898	61	4.33	39.0	2481.1	143.7	0.0322
1000	1001	61	4.57	41.1	2763.8	160.1	0.0289
1120	1121	91	3.96	43.6	3099.2	170.4	0.0258
1250	1249	91	4.18	46.0	3453.1	189.8	0.0232
1400	1403	91	4.43	48.7	3878.5	213.2	0.0206
1500	1499	91	4.58	50.4	4145.6	227.9	0.0193

注　1. 本表摘自《圆线同心绞架空导线》(GB/T 1179—2017)；表中直流电阻值用四舍五入法。

　　2. 拉断力指绞线在拉力增加的情况下，首次出现任一单（股）线断裂时的拉力。

（2）绝缘导线。低压架空绝缘线路适用于城市人口密集地区，线路走廊狭窄、架设裸导线线路与建筑物的间距不能满足安全要求的地区，以及风景绿化区、林带区和污秽严重的地区等。随着城市的发展，实施架空线路绝缘化是配电网发展的必然趋势。

1）绝缘导线分类。架空配电线路绝缘导线按电压等级可分为中压绝缘导线、低压绝缘导线；按架设方式可分为分相架设、集束架设。绝缘导线的类型有低压单芯绝缘导线、低压集束型绝缘导线等。

2）绝缘材料。目前户外绝缘导线所采用的绝缘材料一般为黑色耐气候型的交联聚乙烯、聚乙烯、高密度聚乙烯、聚氯乙烯等。这些绝缘材料一般具有较好的电气性能、抗老化及耐磨性能等，暴露在户外的材料添加有1％左右的炭黑，以防日光老化。

3）绝缘导线的结构和技术性能如下：

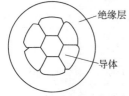

图1-2　单芯低压绝缘
导线结构图

a. 单芯低压绝缘导线的结构如图1-2所示，为直接在线芯上挤包绝缘层。绝缘导线的线芯一般采用经紧压的圆形硬铝（LY8或LY9型）、硬铜（TY型）或铝合金导线（LHA或LHB型）。

b. 低压集束型绝缘导线（LV-ABC型）可分为承力束承载、裸中性线承载和整体自承载三种方式，如图1-3所示。整体自承载的低压集束型绝缘导线的线芯应采用经紧压的硬铝、硬铜或铝合金导线做线芯；采用承力束或裸中性线承载的低压集束型绝缘导线，相线可以采用未经紧压的软铜芯做线芯。还有低压并行绝缘接户线，如图1-4所示。压板夹住导线后，挂钩勾在横担上，引接简便，适用于较小的用电负荷，可减少占用空间走廊，有利于布线整洁。

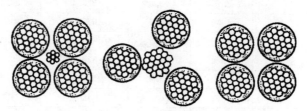

（a）承力束承载　　（b）裸中性线承载　　（c）整体自承载
图1-3　低压集束型绝缘导线结构图

1.1.1.4　绝缘子

架空电力线路的导线是利用绝缘子和金具连接固定在杆塔上的。用于导线与杆塔绝缘的绝缘子，在运行中不但要承受工作电压的作用，还要受到过电压的作用，同时还要承受机械力的作用及气温变化和周围环境的影响，所以绝缘子必须有良好的绝缘性能和一定的机械强度。通常，绝缘子的外形为波纹形，这种外形的优点：①可以增加绝缘子的泄漏距离（又称爬电距离），同时每个波纹又能起到阻断电弧的作用；②当下雨时，从绝缘子上流下的污水不会直接从绝缘子上部流到下部，避免形成污水柱造成短路事故，

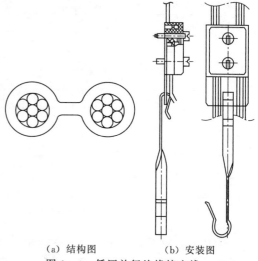

（a）结构图　　　（b）安装图
图1-4　低压并行绝缘接户线

起到阻断污水水流的作用；③当空气中的污秽物质落到绝缘子上时，由于绝缘子波纹凹凸不平，污秽物质将不能均匀地附在绝缘子上，在一定程度上提高了绝缘子的抗污能力。

瓷绝缘子具有良好的绝缘性能、抗气候变化的性能、耐热性和组装灵活等优点，被广泛用于各种电压等级的线路。金属附件连接方式分球型和槽型两种：在球型连接构件中用弹簧销子锁紧；在槽型结构中用销钉和开口销锁紧。瓷绝缘子是属于可击穿型的绝缘子。低压线路一般采用瓷质蝶式绝缘子，俗称茶台瓷瓶，分为高压、低压两种，如图1-5所示。

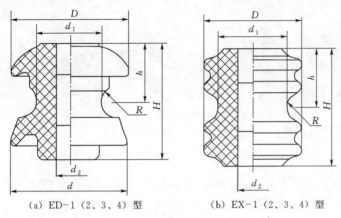

(a) ED-1 (2、3、4) 型　　　　(b) EX-1 (2、3、4) 型

图 1-5　中低压蝶式绝缘子

1.1.1.5　金具及拉线

在架空配电线路中，用于连接、紧固导线的金属器具，具备导电、承载、固定作用的金属构件，统称为金具。金具按其性能和用途可分为耐张金具、连接金具、接续金具、防护金具和拉线等。

（1）耐张金具。耐张金具的用途是把导线固定在耐张、转角、终端杆的悬式绝缘子串上，如图1-6所示。

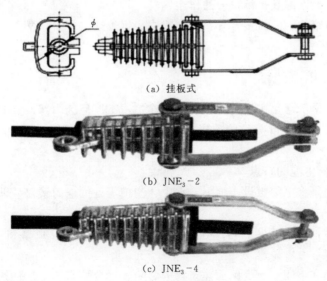

(a) 挂板式

(b) JNE$_3$-2

(c) JNE$_3$-4

图 1-6　耐张金具

（2）连接金具。连接金具主要用于耐张线夹、横担等之间的连接，有平行挂板、U型挂环、直角挂板等几种，如图1-7所示。与槽型悬式绝缘子配套的连接金具可由U型挂环、平行挂板等组合；与球窝型悬式绝缘子配套的连接金具可由直角挂板、球头挂环、碗头挂板等组合。金具的破坏载荷均不应小于该金具型号的标称载荷值：7型不小于70kN；10型不小于100kN；12型不小于120kN。所有黑色金属制造的连接金具及紧固件均应热镀锌。

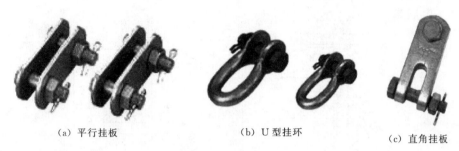

（a）平行挂板　　　　　（b）U型挂环　　　　　（c）直角挂板

图1-7　连接金具

（3）接续金具。按承力分类，接续金具可分为非承力接续金具和承力接续金具两类；按施工方法分类，又可分为液压、钳压、螺栓接续及预绞式螺旋接续金具等；按接续方法分类，还可分为对接、搭接、铰接、插接、螺接等。接续金具结构如图1-8所示。

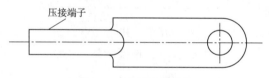

压接端子

图1-8　接续金具结构

（4）防护金具。防护金具包括修补条与护线条。预绞丝修补条、护线条可用于大跨越线路导线抗振和导线断股的修补。

（5）拉线可以平衡受力杆塔各个方向所受到的作用力并抵抗环境或物理外力作用，防止杆塔倾倒。一般拉线用于终端杆、转角杆、T接和耐张杆处，起到平衡拉力的作用。

拉线主要有拉线抱箍、拉线挂环、契型线夹、钢绞线、UT型线夹、拉线棒、拉线U型螺栓、拉盘组成。

1.1.2　低压电缆线路

在城市中心地带、居民密集的地方，高层建筑、工厂厂区内部、重要负荷及一些特殊的场所，考虑到安全和城市美观的需要，或受到地面位置的限制，一般都采用电力电缆线路。

1.1.2.1　低压电缆的特点

低压电缆线路是将电缆敷设在地下、水中、沟槽等处的电力线路。低压电缆线路具有以下特点：

（1）供电可靠，不受外界影响，不会因雷击、风害、挂冰、风筝和鸟害等造成断线、短路与接地等故障。

（2）不占地面和空间，不受路面建筑物的影响，适合城市与工厂使用。

（3）地线敷设，有利于人身安全。

（4）不使用杆塔，节约木材、钢材、水泥；不影响市容和交通。

（5）运行维护简单，节省线路维护费用。

由于电缆线路存在诸多优点，所以得到越来越多的使用。

1.1.2.2　低压电缆的型号和种类

我国电缆产品的型号由大写汉语拼音字母和阿拉伯数字组合而成。其中：用字母表示电缆类别、导体材料、绝缘种类、内护套材料、特征；用数字表示铠装层类型和外被层类型。

电缆的规格除标明型号外，还应说明电缆的芯数、截面、工作电压和长度，如 ZQ_{21}-3×50-250 即表示铜芯、纸绝缘、铅包、双钢带铠装、纤维外被层（如油麻）、3 芯 50mm²、长度为 250m 的电缆；又如 $YJLV_{22}$-3×120-10-300 即表示铅芯、交联聚乙烯绝缘、聚氯乙烯内护套、双钢带铠装、聚氯乙烯外护套、3 芯 120mm²、电压为 10kV、长度为 300m 的电力电缆。

（1）聚氯乙烯绝缘电缆。其特点为：安装工艺简单；聚氯乙烯化学稳定性高，具有非燃性，材料来源充足；敷设维护简单方便；聚氯乙烯电气性能低于聚乙烯；难适应高落差敷设；工作温度高低对其明显的影响。

（2）聚乙烯绝缘电缆。其特点为：有优良的介电性能，但抗电晕、游离放电性能差；工艺性能好，易于加工；耐热性差，受热易变形；易燃，易发生应力龟裂。

（3）交联聚乙烯绝缘电缆。其特点为：容许温升较高，故电缆的容许载流量较大；有优良的介电性能，但抗电晕、游离放电性能差；耐热性能好；适合用于高落差垂直敷设；接头工艺虽严格，但对技工的工艺技术水平要求不高，因此便于推广。

（4）橡胶绝缘电缆。其特点为：柔软性好，易弯曲，橡胶在很大的温差范围内具有弹性，适合作多次拆装的线路；耐寒性能较好；有较好的电气性能、机械性能和化学稳定性；对气体、潮气、水的渗透性较好；耐电晕、耐臭氧、耐热、耐油的性能差；只能作低压电缆使用。

选择电缆时，依据国家电网典型设计要求应选用交联聚乙烯电缆。

1.1.2.3　低压电缆的结构

低压电缆的结构主要包括导体、绝缘层和保护层三部分，各类型低压电缆具体结构图解如图 1-9 所示。

（1）导体。导体通常采用多股铜绞线或铝绞线制成。根据电缆中导体的数量，电缆可分为单芯、四芯等种类。单芯电缆的导体截面为圆形，三芯、四芯电缆的导体除了圆形外，还有扇形和卵圆形。

（2）绝缘层。电缆的绝缘层用来使导体间及导体与包皮之间相互绝缘。一般电缆的绝缘包括芯绝缘与带绝缘两部分，其中：芯绝缘层包裹着导体芯；带绝缘层包裹着全部导体，空隙处填以充填物。电缆所用的绝缘材料一般有油浸纸、橡胶、聚乙烯、交联聚氯乙烯等。

（3）保护层。电缆的保护层用来保护绝缘物及芯线，分为内保护层和外保护层。内保护层由铅或铝制成筒形，用来增加电缆绝缘的耐压作用，并且防水防潮、防止绝缘油外渗。外保护层由衬垫层（油浸纸、麻绳、麻布等）、铠装层（钢带、钢丝）及外被层组成，

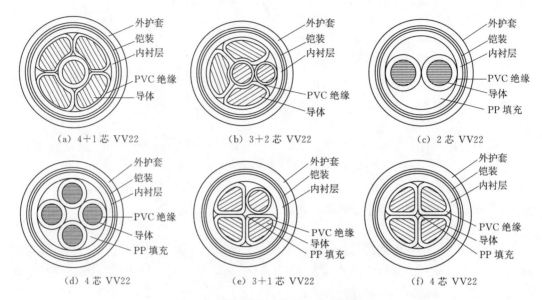

（a）4+1 芯 VV22   （b）3+2 芯 VV22   （c）2 芯 VV22

（d）4 芯 VV22   （e）3+1 芯 VV22   （f）4 芯 VV22

图 1-9　各类型低压电缆具体结构图解

其作用是防止电缆在运输、敷设和检修过程中受到机械损伤。

1.1.3　低压接户线及户联线

低压户接户线及户联线是指低压主干线路分支至低压表计的线路线，低压架空线路及进户线关系如图 1-10 所示，低压进户线接线如图 1-11 所示。

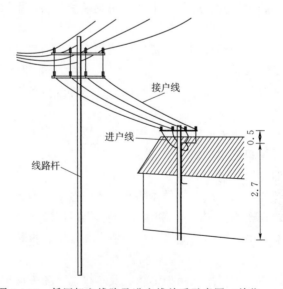

图 1-10　低压架空线路及进户线关系示意图（单位：m）

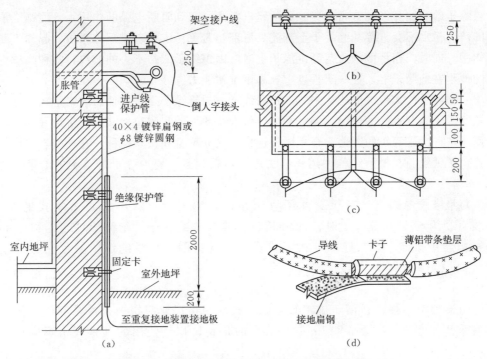

图 1-11　低压进户线接线示意图（单位：mm）

1.1.3.1　导线

导线用以传导电流、输送电能。导线在运行中长期受风雨、冰雪及温度变化等气象条件的影响，承受着变化拉力的作用，同时还受到空气中污物的侵蚀。因此，除了具有良好的导电性能外，还必须有足够的机械强度和防腐性能。

（1）接户线。从低压架空线路以架空方式引至户联线首端（或低压架空电力线路直接引至用户室外）第一支持物的一段线路，俗称引下线。

（2）户联线。使用支架和绝缘导线沿建筑物表面架设的低压电力线路。

（3）进表线。从户联线（或从接户线末端支持物）引至用户室外计量装置进线端的一段线路，俗称表前线。

根据相应标准要求接户线及户联线应采用绝缘导线。

（1）绝缘导线分类。绝缘导线的类型有低压单芯绝缘导线、低压集束型绝缘导线等。按架设方式可分为分相架设、集束架设。

（2）绝缘材料。目前户外绝缘导线所采用的绝缘材料一般为黑色耐气候型的交联聚乙烯、聚乙烯、高密度聚乙烯、聚氯乙烯等。这些绝缘材料一般具有较好的电气性能、抗老化及耐磨性能等，暴露在户外的材料添加有 1% 左右的炭黑，以防日光老化。

1.1.3.2　绝缘子

绝缘子用来支持和悬持导线，并使之与杆塔、建筑物形成绝缘。绝缘子承受高压和机械力的作用并受大气变化的影响，应满足绝缘强度和机械强度的要求，同时有足够的抗化学杂质侵蚀的能力。

绝缘子的波纹外形具有增加绝缘子的爬电距离、起到阻断电弧的作用，且使绝缘子上流下的雨、污水不会直接从绝缘子上部流到底部，避免污水柱造成短路事故，起到阻断水流的作用。同时，当污秽物质落到绝缘子上时，因绝缘子凹凸不平的波纹，污秽物质将不能均匀地附在绝缘子上，在一定程度上提高了抗污能力。

(1) 绝缘子的类型。低压接户线、户联线常用的绝缘子是瓷质低压蝶式绝缘子。

瓷绝缘子具有良好的绝缘性能、适应气候变化的性能和耐热性和组装灵活等优点，被广泛用于各种电压等级的线路。金属附件连接方式分球型和槽型两种。在球型连接构件中用弹簧销子锁紧；在槽型结构中用销钉加用开口销锁紧。瓷绝缘子是属于可击穿型的绝缘子。

(2) 绝缘子的选型。当导线直径为 $35mm^2$ 及以下时，选用 ED-3 蝶式绝缘子；当导线直径为 $50mm^2$ 及以上时，选用 ED-2 蝶 X 式绝缘子。绝缘子时通过 M-16 螺栓与横担连接固定，并在连接处放上直径 18mm 垫圈。零线绝缘子颜色应与火线有明显区别。

1.1.3.3 支架

铁构架为统一规范，便于施工管理，铁构架规格尺寸应统一，并系列化。接户线支架宜采用不小于∠50mm×50mm×5mm 的角钢，拉环使用的圆钢规格不应小于直径 12mm。

户联线支架按用途和结构分类，可分为直线型、耐张型、转角型三种。

(1) 直线型。用于户联线的直线支持支架，主要承受垂直墙面的压力和拉力。

(2) 耐张型。用于户联线的尽头支架，除承受垂直墙面的压力和拉力外，还承受平行墙面的水拉力。

(3) 转角型。用于户联线的转角支持支架，在墙角上承受墙两边导线的拉力。

1.1.3.4 低压金具

在架空配电线路中，用于连接、紧固导线的金属器具，具备导电、承载、固定的金属构件，统称为金具。金具按其性能和用途可分为悬吊金具（悬垂线夹）、耐张金具（耐张线夹）、接触金具（设备线夹）、接续金具、防护金具和连接金具等。

1.2 低压配电设备

1.2.1 低压配电一体箱

低压配电一体箱是一种集配电、计量、保护、控制、无功补偿于一体的综合型控制箱，具有电能分配、漏电保护、低压防雷、断电保护、记录、通信、电能计量、无功自动补偿等功能；具有分断能力高、动热稳定性好、电气方案灵活、实用性强、结构设计合理、电路配置安全、防护性能好、运行安全可靠等优点。

1.2.1.1 产品型号及选型

低压配电一体箱型号参数具体含义如图 1-12 所示。

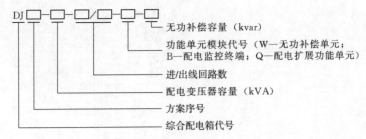

图 1-12　产品型号参数示意图

低压配电一体箱选型应依据配电容量选择符合现场实际的进/出线回路数，见表 1-3。

表 1-3　　　　　　　　　　低压配电一体箱选型方案

方案序号	配电变压器容量/kVA	进/出线回路数
1	≤80	1/2、1/3
2	100～200kVA	1/2、1/3
3	250～400kVA	1/2、1/3、2/2、2/3

1.2.1.2　使用条件

（1）环境温度：−25～40℃，且在 24h 内其平均温度不超过 35℃。

（2）相对湿度：20℃时，不超过 90％；40℃时，不高于 50％。最高温度为 25℃时，相对湿度短时可高达 100％。

（3）海拔：≤2000m。

（4）日照强度：$0.1W/cm^2$。

（5）最大风速：30m/s。

（6）地震强度：按 7 度设计，地震动峰值加速度为 $0.1g$，地震特征周期 0.35s。

（7）倾斜度：箱体不应超过 3°，表计不应超过 1°。

1.2.1.3　外观与结构

低压配电一体箱结构如图 1-13 所示。

（1）低压配电一体箱的箱体外壳一般采用厚 1.5mm 的 304 号不锈钢板材制作，有足够的机械强度，以承受使用、搬迁过程中可能遇到的机械力。主母线采用 TMY 铜排，用母线夹或绝缘支柱固定，用热缩管分相作绝缘处理。箱体正面、背面均装有开启门；箱外类似于房屋带有檐口的顶盖，使雨水不能停留；箱顶左右两侧有通风窗，窗内装有丝网，既能散热又能防小动物进入箱体；箱体防护等级为 IP44。

（2）低压配电一体箱分前后两个部分，前面部分是隔离开关、断路器室；后面部分是记录、通信及无功补偿室。进/出线从侧面或底部布线。

（3）低压配电一体箱具有耐晒、防潮、防雨、防尘功能，使用材料是阻燃型材料。

（4）低压配电一体箱按三相五线制设计，接地与零线分开，装置外壳提供接地端子，并设有明显接地标志。

（5）装置采用保护电路，实现漏电保护。保护电路由单独的保护导体及导电结构件组成。所有电器元件的金属外壳以及金属手操机构均采用金属螺钉和导线连接于已经接地的

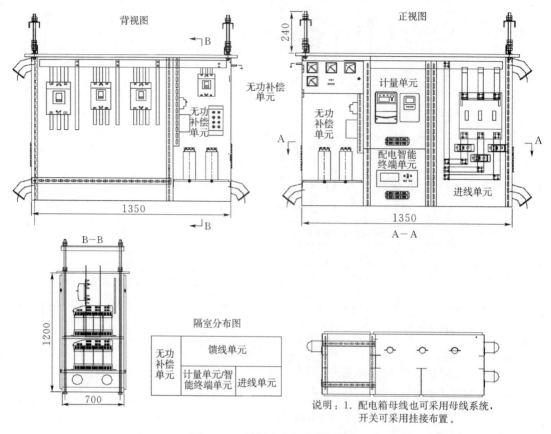

图 1-13　低压配电一体箱结构图

镀锌金属构件上。

1.2.1.4　主要元件

1. 隔离开关

隔离开关又称闸刀开关或刀开关，它是手控电器中最简单且使用较广泛的一种低压电器，隔离开关结构如图 1-14 所示。

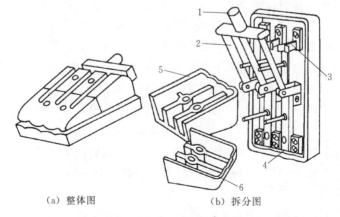

（a）整体图　　　　　（b）拆分图

图 1-14　隔离开关结构

1—手柄；2—闸刀本体；3—静触座；4—接装熔丝的触头；5—上胶盖；6—下胶盖

（1）组成。隔离开关通常由手柄、闸刀本体、静触座、接装熔丝的触头、上胶盖、下胶盖组成。

（2）分类。以熔断体作为动触头的，称为熔断器式隔离开关，简称刀熔开关；采用隔离开关结构型式的称为刀形转换开关；采用叠装式触头元件组合成旋转操作的，称为组合开关。

（3）功能。

1）隔离电源，以确保电路和设备维修的安全或作为不频繁地接通和分断额定电流以下的负载用。

2）分断负载，如不频繁地接通和分断容量不大的低压电路或直接启动小容量电机。

3）隔离开关处于断开位置时，可明显观察到，能确保电路检修人员的安全。

2. 低压断路器

低压断路器能够关合、承载和开断正常回路条件下的电流，并能关合、在规定的时间内承载和开断异常回路条件（包括短路条件）下的电流的开关装置，低压断路器的结构如图 1-15 所示。

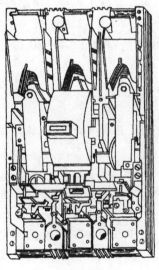

（a）内部　　　　　　　　（b）外部

图 1-15　低压断路器

（1）组成。低压断路器由主触头系统、辅助触头、脱扣器、分合闸操作机构、灭弧室和框架或外壳等部分组成。脱扣器接收外来信号，并传递给分合闸操作机构，由其控制主触头及辅助触头系统在分断电路时产生的电弧。

（2）分类。

1）按用途分为保护配电线路用、控制和保护电动机用、保护照明线路用和漏电保护用低压断路器。

2）按结构型式分为框架式（又称万能式）和塑料外壳式（又称装置式）低压断路器。

3）按极数分为单极、双极、三极和四极低压断路器。

4）按限流性能分为一般不限流和快速限流低压断路器。

5）按保护特性分为选择性和非选择性低压断路器。

6）按操作方式分为直接手柄操作式、杠杆操作式、电磁铁操作式和电动机操作式低压断路器。

（3）主要参数。

1）额定电压。额定电压分额定工作电压和额定绝缘电压。同一个低压断路器可以规定几个额定工作电压，而相应的通断能力并不相同。额定绝缘电压是设计低压断路器绝缘的电压值，其电气间隙和爬电距离等应按此电压值确定，一般情况下，额定绝缘电压就是断路器的最大额定工作电压。

2）额定电流。断路器的额定电流是指过电流脱扣器的额定电流。断路器主触头系统的额定电流（又称壳架等级额定电流）应不小于过电流脱扣器的额定电流。

3）额定短路通断能力。指断路器在规定的条件（电压、频率、功率因数和规定的试验程序等）下，能够接通和分断的预期短路电流值的能力。

（4）分断时间。从断路器的（固有）断开时间开始到燃弧结束为止的时间间隙，包括（固有）断开时间和燃弧时间。

1）（固有）断开时间。从断开操作开始瞬间（即操作机构开始动作瞬间）起，到所有极（弧）触头都分开瞬间为止的时间间隔。

2）燃弧时间。从（弧）触头断开始出现电弧的瞬间（即操作机构开始动作瞬间）起，至电弧完全熄灭为止的时间间隔。

3）断路器的固有断开时间一般在 0.1s 以下。

3. 电流互感器

（1）分类。电流互感器可分为穿心式电流互感器和蝶式电流互感器，如图 1-16 所示。

（a）穿心式　　　（b）蝶式

图 1-16　电流互感器

（2）原理。电流互感器工作原理是电磁感应原理的。电流互感器由闭合的铁芯和绕组组成，它的一次绕组匝数很少，串在需要测量的电流的线路中，因此它经常有线路的全部电流流过；二次绕组匝数比较多，串接在测量仪表和保护回路中。电流互感器在工作时，它的二次回路始终是闭合的，因此测量仪表和保护回路串联线圈的阻抗很小，电流互感器的工作状态接近短路。

（3）功能。电流互感器的作用是可以把数值较大的一次电流通过一定的变比转换为数值较小的二次电流，用来进行保护、测量等用途。如变比为 400/5 的电流互感器，可以把实际为 400A 的电流转变为 5A 的电流。

4. 电容器

电容器（图 1-17）是电力系统无功补偿的手段，运行中电容器的容性电流抵消感性电流，使传输元件如变压器、线路中的无功功率响应减少，不仅降低了由于无功功率的流向而引起的有功功率损耗，还减少了电压损耗，提高了功率因数，达到无功补偿的作用。

低压配电一体箱中常见的电容器为并联补偿电容器，在电力系统中，凡是有线圈的设备，工作时从系统中取出一部分电流做功，另外还要取出一部分电流建立磁场而不做功，这部分电感电流为 0 时，功率因数为 1；这部分电感电流越大，功率因数越低，变压器额外负担越大，线路损耗越大，电压损失增加，供电质量降低。因此，最有效的办法就是并联电容器，使之产生电容电流来抵消电感电流的损失，将无功电流减小到一定的范围内。

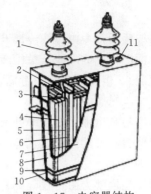

图 1-17　电容器结构

1—出线套管；2—出线连接片；3—连接片；
4—元件；5—出线连接片固定板；6—组间
绝缘；7—包封件；8—夹板；9—紧箍；
10—外壳；11—封口盖

1.2.2　低压配电柜

低压配电柜是额定电流为交流 50Hz、额定电压 380V 的配电系统，作为动力、照明及配电的电能转换及控制之用。该产品具有分段能力强，动热稳定性好，电气方案引用灵活，组合方便，系列性、实用性强，结构新颖等特点。

1.2.2.1　分类

（1）低压配电柜按柜体结构大体可分为全封闭固定柜、半封闭固定柜以及组合装配式结构柜三种，其外观如图 1-18 所示。主要代表柜型有 GGD、PGL、GCS。

图 1-18　低压配电柜外观

（2）低压配电柜依据功能具体分为进线柜、出线柜、电容柜以及联络柜。

1.2.2.2　功能柜概述

1. 进线柜

进线柜通常为由母线隔离开关、TA、断路器、线路隔离开关等一次设备组成的设备单元，由低压电源（变压器低压侧）引入配电装置的总开关柜。主电源进线装有主断路器。

（1）隔离开关的作用。使检修设备与带电体之间有明显的断开点，使断路器与电源隔离。

（2）断路器的作用。切合正常负荷电流和故障时的短路电流。

（3）TA 的作用。计量及保护。

2. 出线柜

出线柜通常为由母线隔离开关、断路器、TA、线路隔离开关等一次设备组成的设备单元。配电系统的出线开关柜带下级用电设备。出线柜与进线柜都是接于母线上的设备单元（间隔），但从保护范围考虑，一般它们的柜内一次设备的连接顺序不同。

3. 电容柜

电容柜是增加无功功率补偿的设备，通常为由断路器、隔离开关、电容器、电抗器、功率因数自动补偿控制装置等一次设备组成的设备单元。

4. 联络柜

联络柜通常为由母线隔离开关、断路器、TA、线路隔离开关等一次设备组成的设备单元。当系统有两路电源进线，且两路互为备用时，需要将两路电源的主母线进行联通，联通两段母线的开关柜角联络柜（注意：联络柜与两路进线柜一般禁止同时闭合）。

1.2.3 低压电缆分接箱

低压电缆分接箱是一种用来对电缆线路实施分支、接续及转换电路的设备，多用于户外。低压电缆分接箱通常分为落地式和壁挂式。

1.2.3.1 使用条件

（1）海拔：不超过 1000m。

（2）环境温度：−25～40℃。

（3）相对湿度：≤90%（25℃）。

（4）日照强度：0.1W/cm² （风速 0.5m/s 时）。

（5）最大敷冰厚度：10mm。

（6）污染等级：3 级。

1.2.3.2 外观与结构

低压电缆分接箱包括箱体，与箱体连接的箱盖，箱内进线配置隔离开关，出线配置塑壳断路器。结构采用元件模块拼装、框架组装结构，箱内母线及馈出均绝缘封闭，母线采用铜导体，额定电流为 630A；壳体分 SMC 复合材料组合方式和金属板制作方式两种，其中：SMC 复合材料组合方式箱体整个外壳由玻璃纤维增强聚酯树脂材料制成，柜体为板式结构，使用简单的工具就可以很容易地拼装；金属箱体制作方式采用不锈钢板、敷铝锌板或普通钢板弯制成形，箱体喷涂户外塑粉，结构紧凑，外形美观。SMC 复合材料组合箱体表面铸有条形棱，有防小广告粘贴的功能。颜色：标准色为灰色，也可按客户要求选定颜色。箱体进出线采用电缆下进下出方式。

1.2.3.3 主要元件

低压电缆分接箱主要元件包括控制开关、母线排、绝缘子和箱体。

1. 控制开关

低压电缆分接箱的控制开关主要分为低压断路器及熔断器两种。

（1）低压断路器。能够关合、承载和开断正常回路条件下的电流，并能关合、在规定的时间内承载和开断异常回路条件（包括短路条件）下电流的开关装置。低压电缆分接箱中通常使用的是塑料外壳式自动空气断路器。塑料外壳式自动空气断路器又称为装置式自动空气断路器，它把触头系统、灭弧室、操动机构及脱扣器等主要部件都安装在一个塑料压制的外壳内（分底壳和盖两部分）。塑料外壳式自动空气断路器以 DZ10 系列为代表产品，常用在电流较大的低压电路中作为总开关，电路过载或短路时其能自动跳闸。

图 1-19 为 DZ10-250/3 型装置式自动空气断路器的结构，图 1-20 为其剖面结构示意图。

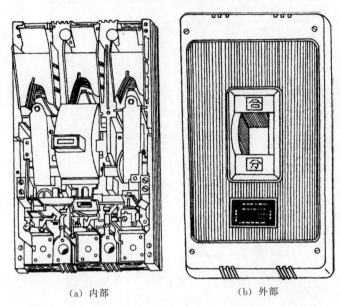

（a）内部　　　　　　　　　　　（b）外部

图 1-19　DZ10-250/3 型装置式自动空气断路器结构

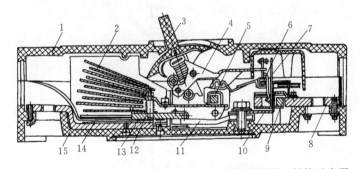

图 1-20　DZ10-250/3 型装置式自动空气断路器剖面结构示意图

1—盖；2—灭弧室；3—手柄；4—自由脱扣器；5—主轴；6—脱扣器；7—双金属片；8—下母线；9—瞬时电磁脱扣器；10—热元件；11—软连接；12—动触头；13—静触头；14—上母线；15—底壳

DZ10-250/3 型装置式自动空气断路器的结构具有以下特点：

1）绝缘基座和盖采用良好的热固性塑料压制，具有良好的绝缘性能。

2）灭弧室采用去离子栅式。由于用金属薄片分割电弧，使电弧迅速冷却、熄灭。

3）触头采用银或银基合金材料制造，具有抗熔焊性强、耐磨损等特点。

4）操动机构采用四连杆机构，操作时能快速闭合和断开，自动开关触头分、合时间与操作速度无关。

5）脱扣器分为复式、电磁式、热脱扣和无脱扣器四种，其热脱扣器采用双金属片。

6）接线方式分板前接线和板后接线两种。

DZ10 系列自动空气断路器的过流脱扣器在出厂时已将其动作电流调整好，用户在选择脱扣器的额定电流值时，应按表 1-4 内复式脱扣器的数据考虑。

表 1-4　　　　　　　　DZ10 系列自动开关脱扣器动作电流的整定倍数

型　号	复　式　脱　扣　器		电　磁　脱　扣　器	
	额定电流/A	电磁脱扣器动作电流整定倍数	额定电流/A	动作电流整定倍数
DZ10-100	15		15	10
	20		20	
	25		25	
	30		30	
	40	10	40	
	50		50	
	60		100	6～10
	80			
	100			
DZ10-250	100	5～10	250	2～6
	120	4～10		
	140	3～10		
	170	3～10		2.5～8
	200	3～10		3～10
	250			
DZ10-600	200	3～10	400	2～7
	250			
	300			
	350		600	2.5～8
	400			
	500			3～10
	600			

（2）低压熔断器。低压熔断器是指当电流超过规定值时，以本身产生的热量使熔体熔断，从而断开电路的一种电器。低压电缆分接箱中通常使用的是 RT0 系列管式熔断器。

RT0 型熔断器为不可拆卸的有填料封闭管式结构，其结构如图 1-21 所示。

管体是采用高频电瓷制成的波纹方管，它具有耐热性强、机械强度高、几何形状规则和外表光洁美观等优点。上盖板有明显的红色熔断指示器。

指示器熔体为康铜丝，与工作熔体并联，当工作熔体熔断后，指示熔体熔断，指示器被弹出，表明已断路。熔体是由多条冲有网孔和变截面的薄紫铜片并联组成，并卷成笼状，中部焊有"锡桥"，如图 1-21（c）所示。笼状熔体的两端点焊在金属底板上，以保证管体和导电插刀间接触良好。

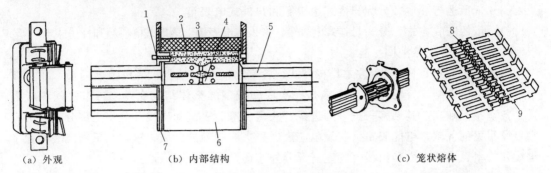

（a）外观   （b）内部结构   （c）笼状熔体

图 1-21　RT0 型熔断器结构

1—熔断指示器；2—指示熔体；3—石英砂；4—工作熔体；5—插刀；6—熔管；7—盖板；8—锡桥；9—点燃栅

RT0 型熔断器具有很高的分断能力和良好的安秒特性，在低压电网保护中与其他保护电器，如自动开关、磁力启动器等相配合，能组成具有一定选择性的保护。因此，多被用于短路电流较大的低压网络和配电装置中。其缺点是熔体熔断后不能更换，且制作工艺要求高。

2. 母线排

母线排是电力配电设备上的导电材料名称，材质扁铜，部分存在绝缘塑封，并有表示相序的颜色区分。

3. 绝缘子

绝缘子是用来支持和固定母线与带电导体并使带电导体或导体与大地之间有足够的距离和绝缘。绝缘子应具有足够的电气绝缘强度和耐潮湿性能。

4. 箱体

箱体即低压电缆分接箱的箱式外壳，分 SMC 复合材料组合方式和金属板制作方式两种。

1.2.4　电表箱

电表箱是电表的保护装置。市政、小区、电信、电力、农网、工厂、企业、机关、热力、消防等公用设施的地方需要安装电表，就需要电表箱。电表箱一般是沿电力设施到户的一个终端设备。

1.2.4.1　工作原理

电表箱是按电气接线要求将开关设备、测量仪表、保护电器和辅助设备组装在封闭或半封闭箱体中，构成低压配电装置。正常运行时可借助手动或自动开关接通或分断电路。故障或不正常运行时借助保护装置切断电路或报警。借测量仪表可显示运行中的各种参数，还可对某些电气参数进行调整，对偏离正常工作状态进行提示或发出信号，常用于各发电、配电、变电所中。

1.2.4.2　主要用途

电表箱是集中安装开关、仪表等设备的成套装置，起到计量和判断停、送电的作用。

1.2.4.3　电表箱分类

（1）依照所安装电能表的数量和规格，分为单相单表位电表箱、三相单表位电表箱、多表位单相电表箱、多表位三相电表箱及三相互感器式电表箱等。

（2）依照制造材料，分为金属电表箱和非金属电表箱。

（3）依照运行环境，分为户内式电表箱和户外式电表箱。

（4）依照安装方式，分为悬挂式电表箱、嵌入式电表箱、落地式电表箱和杆塔式电表箱。

1.2.4.4 电表箱结构

金属电表箱分上下结构和左右结构型式，各室之间相对独立，并设独立门锁。非金属电表箱为一体式结构，箱体底座要求是一次注塑成型的整体结构底座，各室之间隔板隔开，各室相互独立。其结构一般分为进线开关室、电能表室和出线开关室三部分；开关室为装设开关的区域，电能表室为装设电能表、采集终端等的区域；三相互感器式表箱除了进线开关室、电能表室和出线开关室三部分外，还多了一个互感器室。

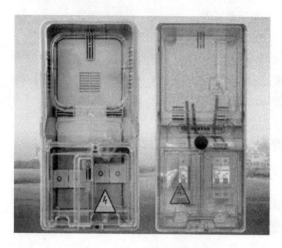

图 1-22　单相单表位电表箱

1. 单相单表位电表箱

单相单表位电表箱结构如图 1-22 所示，内部空间通过设置隔板划分为品字型三室，其中上半部分为电能表室，安装 1 只单相电能表；左下部分为进线开关室，安装进线单极开关，右下部分为出线开关室，安装客户出线开关，出线开关采用双极微型断路器（带漏电保护）。

2. 三相单表位电表箱

三相单表位电表箱结构如图 1-23 所示，内部空间通过设置隔板划分为品字形三室，其中上半部分为电能表室，安装 1 只三相电能表；左下部分为进线开关室，安装进线开关，进线开关采用三相微型断路器；右下部分为出线开关室，安装客户出线开关，出线开关采用三相微型断路器（可带漏电保护）。

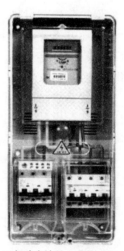

（a）三相动力计量电表箱（卡式）　　（b）三相动力计量电表箱（非卡式）

图 1-23　三相单表位电表箱

3. 多表位单相电表箱

多表位单相电表箱内部空间通过设置隔板划分为品字形三室，如图1-24所示，其中上半部分为电能表室，安装相应数量电能表；左下部分为进线开关室，安装进线单极开关，表前开关安装数量与电能表数量对应；右下部分为出线开关室，安装与电能表相应数量的客户出线开关，出线开关采用双极微型断路器（带漏电保护）。

4. 多表位三相电表箱

多表位三相电表箱采用组合式结构，如图1-25所示，电表箱分为进线开关室、电能表室和出线开关室三部分。左下部为进线开关室，进线室装有总开关、相线铜母排、零

图1-24 多表位单相电表箱（8表位）

线铜母排、接地保护端子，进线总开关采用三相塑壳断路器，上方为电能表室，安装相应数量电能表，右下部为出线开关室，安装与电能表相应数量的客户出线开关，表出线开关采用三相塑壳断路器。

5. 三相互感器式电表箱

三相互感器式电表箱如图1-26所示，其中上部为进线开关室，安装进线开关，进线开关采用三相隔离开关；中下方为互感器室，安装3只低压电流互感器；左上部为电能表室，安装电能表；右下部为出线开关室，安装客户出线开关、零线铜排和接地保护线铜排，出线开关采用三相塑壳开关。

图1-25 多表位三相电表箱（4表位）

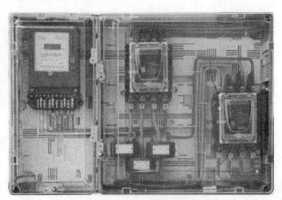

图1-26 三相互感器式电表箱

1.2.4.5 电表箱元件

1. 电能表

用来测量电能的仪表，俗称电度表、火表，指测量各种电学量的仪表。主要分单相电能表和三相电能表。

2. 塑壳断路器

塑壳断路器也被称为装置式断路器，所有的零件都密封于塑料外壳中，其辅助触点、欠电压脱扣器以及分励脱扣器等多采用模块化。具有过载、短路和欠电压保护功能，能保护线路和电源设备不受损坏。由于结构非常紧凑，塑壳断路器基本无法检修，多采用以换代检。电表箱内进、出线开关按照开断（闭合）电源线数的不同分单极和三极。

3. 漏电保护开关

漏电保护开关主要用于防止漏电事故的发生，其开关的动作原理是：在一个铁芯上有主绕组和副绕组两个绕组；主绕组也有两个绕组，分别为输入电流绕组和输出电流绕组。无漏电时，输入电流和输出电流相等，在铁芯上两磁通的矢量和为零，就不会在副绕组上感应出电势，否则副绕组上就会有感应电压形成，经放大器推动执行机构，使开关跳闸。

4. 隔离开关

隔离开关，俗称闸刀或刀开关，是手控电器中较简单且使用较广泛的一种低压电器，起隔离电源、确保电路和设备维修的安全或作为不频繁地接通和分断额定电流以下的负载用。

5. 互感器

互感器又称为仪用变压器，是电流互感器和电压互感器的统称。能将高电压变成低电压、大电流变成小电流，用于量测或保护系统。其功能主要是将高电压或大电流按比例变换成标准低电压（100V）或标准小电流（5A 或 1A，均指额定值），以便实现测量仪表、保护设备及自动控制设备的标准化、小型化。同时互感器还可用来隔开高电压系统，以保证人身和设备的安全，主要用于三相互感器式电表箱内。

1.3 低 压 辅 助 设 施

1.3.1 防雷设备

雷电过电压危及电气设备的绝缘安全，可以采用避雷针、避雷线、避雷器进行防护，这些设备通常称为防雷设备。

1.3.1.1 装设目的

电力线路防雷的目的，就是要使线路的雷害跳闸次数减少到最低限度。电力线路的防雷方式应根据线路的电压等级、负荷性质、系统运行方式、当地原有线路的运行经验、雷电活动的强弱、地形地貌的特点和土壤电阻率的高低条件等，通过经济技术比较确定。

1.3.1.2 防雷措施

低压防雷措施一般有避雷器、浪涌和漏电保护三种，通常采用避雷器作为主要防雷装置。在低压设备中，避雷器多采用氧化锌避雷器。

1. 氧化锌避雷器

氧化锌避雷器是应用广泛且有效的过电压限制器。它与被保护设备并联运行，当作用电压超过一定幅值以后，避雷器先动作，通过它自身泄放掉大量的能量，限制过电压，保护电器设备。0.38kV 低压线路选用氧化锌避雷器，其型号参数如图 1-27 所示。

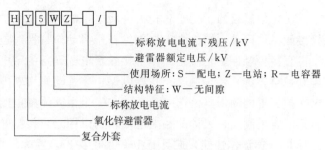

图 1-27　氧化锌避雷器型号参数

标称放电电流下残压/kV
避雷器额定电压/kV
使用场所：S—配电；Z—电站；R—电容器
结构特征：W—无间隙
标称放电电流
氧化锌避雷器
复合外套

2. 浪涌

浪涌保护器（电涌保护器，简称 SPD）如图 1-28 所示，适用于交流 50/60Hz、额定电压 220～380V 的供电系统（或通信系统）中，对间接雷电和直接雷电影响或其他瞬时过压的电涌进行保护，适用于家庭住宅、第三产业以及工业领域电涌保护的要求，具有相对相、相对地、相对中线、中线对地及其组合等保护模式。

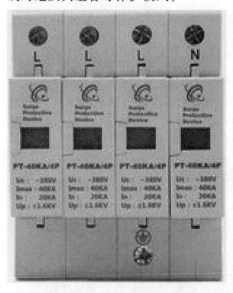

图 1-28　浪涌保护器

（1）用途。浪涌也叫突波，顾名思义就是超出正常工作电压的瞬间过电压。本质上讲，浪涌是发生在几百万分之一秒时间内的一种剧烈脉冲，可能引起浪涌的原因有重型设备、短路、电源切换或大型发动机，而含有浪涌阻绝装置的产品可以有效地吸收突发的巨大能量，以保护连接设备免于受损。

浪涌保护器，也叫防雷器，是一种为各种电子设备、仪器仪表、通信线路提供安全防护的电子装置。当电气回路或者通信线路中因为外界的干扰突然产生尖峰电流或者电压时，浪涌保护器能在极短的时间内导通分流，从而避免浪涌对回路中其他设备的损害。

（2）基本特点。

1）保护通流量大，残压极低，响应时间快。

2）采用最新灭弧技术，彻底避免火灾。

3）采用温控保护电路，内置热保护。

4）带有电源状态指示，指示浪涌保护器工作状态。

5）结构严谨，工作稳定可靠。

3. 漏电保护

漏电保护装置是用来防止人身触电和漏电引起事故的一种接地保护装置，当电路或用电设备漏电电流大于装置的整定值，或人、动物发生触电危险时，它能迅速动作，切断事故电源，避免事故的扩大，保障人身、设备的安全。因此，漏电保护开关的正确选用和维护管理工作是做好农村安全用电的主要技术、管理措施。

（1）装置选用。应根据系统的保护方式、使用目的、安装场所、电压等级、被控制回路的漏电电流以及用电设备的接地电阻数值等因素来确定。

（2）使用目的。用于防止人身触电事故的漏电保护装置，一般根据直接接触保护和间接接触保护两种不同的要求选用，在选择动作特性时也应有所区别。

直接接触保护是防止人体直接触及电气设备的带电导体而造成的触电伤亡事故，当人体和带电导体直接接触时，在漏电保护装置动作切断电源之前，通过人体的触电电流和漏电保护装置的动作电流选择无关，它完全由人体触电的电压和人体电阻所决定，漏电保护装置不能限制通过人体的触电电流，所以用于直接接触保护的漏电保护装置必须具有小于0.1s的快速动作性能，或具有IEC漏电保护装置标准规定的反时限特性。

间接接触保护是为了防止用电设备在发生绝缘损坏时，在金属外壳等外露金属部件上呈现危险的接触电压。漏电保护开关的动作电流 $I_{\Delta n}$ 的选择应和用电设备的接地电阻 R 和容许的接触电压 U 联系考虑，用电设备上的接触电压 U 要小于规定值。

漏电保护器的动作电流 $I_{\Delta n}$ 选择原则为

$$I_{\Delta n} \leqslant U/R$$

式中　U——容许接触电压；

　　　R——设备的接触电阻。

一般对于额定电压为220V或380V的固定式电气设备，如水泵、磨粉机等其他容易与人体接触的电气设备，当用电设备金属外壳的接地电阻在500Ω以下时，可选用30～50mA、0.1s以内动作的漏电保护装置；当用电设备金属外壳的接地电阻在100Ω以下时，可选用200～500mA的漏电保护装置；对于较重要的用电设备，为了减少瞬间的停电事故，也可选用动作电流为0.2s的延时型保护装置。

家庭使用的用电设备由于经常带有频繁插进、拔出的插头，同时，部分居民住宅没有考虑接地保护设施。当用电设备发生漏电碰壳等绝缘故障时，设备外壳可能呈现和工作电压相同的危险电压，极易发生触电伤亡事故，因此，电气设备安装规程中规定，必须在家庭进户线的电能表后面安装动作电流30mA、0.1s以内动作的高灵敏型漏电保护开关。

（3）使用场所。一般在380/220V的低压线路中，如果用电设备的金属外壳等金属部件容易被人触及，同时这些用电设备又不能按照我国用电规程要求使其接地电阻小于4Ω或10Ω时，则宜按照间接接触保护要求，在用电设备的供电回路中安装漏电保护装置，同时还应根据不同的使用场所，合理地选取不同动作电流的漏电开关。例如：在潮湿的工作场所，由于人体比较容易出汗或沾湿，使皮肤的绝缘性能降低，人体电阻明显下降，当发生触电事故时，通过人体的电流必然会比干燥的场所大，危险性高，因此，适宜安装15～30mA、0.1s内动作的漏电保护装置。

（4）运行管理。漏电保护开关投入运行后，必须进行有效的管理，确保漏电保护保持良好的运行状态，真正起到保护的作用。管理工作主要有如下方面：

1）漏电保护开关在投入运行后，应自觉建立运行记录并健全相应的管理制度。

2）漏电保护开关投入运行后，在通电状态下，每月须按动试验按钮1～2次，检查漏电保护开关动作是否正常、可靠，尤其在雷雨季节应增加试验次数。

3）定期分析漏电保护开关的运行情况，及时更换有故障的漏电保护开关。

4）漏电保护开关的维修应由专业人员进行，运行中遇有异常现象应找电工处理，以免扩大事故范围。

5）雷雨或其他不明原因使漏电保护开关动作后，应作检查分析。

6）漏电保护开关动作后，经检查未发现事故原因时，容许试合闸一次，如果再次动作，应查明原因，找出故障，必要时对其进行动作特性试验，不得连续强行送电，除经检查确认为漏电保护开关本身发生故障外，严禁私自撤除漏电保护开关强行送电。

7）退出运行的漏电保护开关再次使用前，应按有关部门规定的项目进行动作特性试验。

8）漏电保护开关的动作特性由制造厂整定，按产品说明书使用，使用中不得随意改动。

9）在漏电保护开关的保护范围内发生意外电击伤亡事故后，应检查漏电保护开关的动作情况，分析未能起到保护作用的原因，在未调查前应保护好现场，不得拆动漏电保护开关。

10）为检查漏电保护开关在运行中的动作特性及其变化，应定期进行动作特性试验。特性试验项目包括测试漏电动作电流值、测试漏电不动作电流值、测试分断时间。

11）漏电保护开关进行动作特性试验时，应使用经国家有关部门检测合格的专用测试仪器，严禁采用利用相线直接触碰接地装置的试验办法。

12）使用的漏电保护开关除按漏电保护特性进行定期试验外，对断路器部分应按低压电器有关要求定期检查维护。

1.3.2 接地装置

接地装置由埋在地下的接地体和连接用的接地线构成，用以实现电气系统与大地相连接的目的。

1.3.2.1 低压接地系统方式

通过选择有效的低压配电接地系统方式，可提高低压配电网供电可靠性，减少用电设备的损坏和严重人身伤害的后果，从而提高低压电网的可靠性，保证设备与人身安全。

目前低压配电系统的主要接地形式只有一种 TN-C 接地方式。现在用户的用电设备品种越来越多，有的用电设备对电压的要求很高。这种方式在发生低压线路中性线断线时，常会烧坏用户的电气设备；或者在配电变压器负荷三相不平衡或电压有波动时，引起部分用户的敏感性电子设备烧坏。

为提高供电可靠性，更好地为用户服务，在设计中能根据不同用户、不同电气装置的特性、不同运行条件和要求、维护能力的大小，综合用户、专变用户的要求及设计安装人员的意见，因地制宜地选用接地方式，在施工、验收、运行等工作中，加强对接地系统的维护，就可以减少事故的发生，提高优质服务水平。

1. 低压接地系统的基本方式及特点

低压接地系统常用的基本方式为 TN（TN-C、TN-S、TN-C-S）、IT、TT 方式等，其各自的特点如下：

（1）TN 方式供电系统。TN 方式供电系统是将电气设备的外露导电部分与工作中性线相接的保护系统，称作接零保护系统，其特点如下：①当电气设备的相线碰壳或设备绝缘损坏而漏电时，实际上就是单相对地短路故障，理想状态下电源侧熔断器会熔断，低压断路器会立即跳闸使故障设备断电，产生危险接触电压的时间较短，比较安全；②TN系统节省材料、工时，应用广泛；TN方式供电系统中，国际标准《低压电气装置》（IEC 60364）规定，根据中性线与保护线是否合并的情况，TN系统又分为TN-C、TN-S、TN-C-S 3种。

1）TN-C方式供电系统。本系统中，保护线与中性线合二为一，称为PEN线。如图1-29所示。

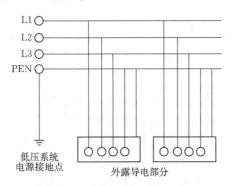

图1-29　TN-C方式供电系统

优点：TN-C方案易于实现，节省了一根导线，且保护电器可节省一极，降低设备的初期投资费用；发生接地短路故障时，故障电流大，可采用过流保护电器瞬时切断电源，保证人员生命和财产安全。

缺点：线路中有单相负荷，或三相负荷不平衡，及电网中有谐波电流时，由于PEN中有电流，电气设备的外壳和线路金属套管间有压降，对敏感性电子设备不利；PEN线中的电流在有爆炸危险的环境中会引起爆炸；PEN线断线或相线对地短路时，会呈现相当高的对地故障电压，可能扩大事故范围；TN-C系统电源处使用漏电保护器时，接地点后工作中性线不得重复接地，否则无法可靠供电。

2）TN-S方式供电系统。本系统中，保护线（PE）和中性线（N）严格分开，称作TN-S供电系统，如图1-30所示。

优点：正常时即使工作中性线上有不平衡电流，专用保护线上也不会有电流。适用于数据处理和精密电子仪器设备，也可用于爆炸危险场合；民用建筑中，家用电器大都有单独接地触点的插头，采用TN-S系统，既方便，又安全；如果回路阻抗太高或者电源短路容量较小，需采用剩余电流保护装置RCD对人身安全和设备进行保护，防止火灾危险；TN-S系统供电干线上也可以安装漏电保护器，前提是工作中性线N线不得有重复接地；专用保护线PE线可重复接地，但不可接入漏电开关。

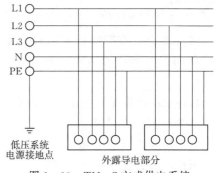

图1-30　TN-S方式供电系统

缺点：由于增加了中性线，初期投资较高；TN-S系统相对地短路时，对地故障电压较高。

3）TN-C-S方式供电系统。本系统是指，如果前部分是TN-C方式供电，但为考虑安全供电，二级配电箱出口处，分别引出PE线及N线，即在系统后部分二级配电箱后采用TN-S方式供电，这种系统总称为TN-C-S方式供电系统，如图1-31所示。

优点：N 线与 PE 线相联通，如图 1-31 联通后段 PE 线上没有电流，即该段导线上正常运行不产生电压降；联通前段线路不平衡电流比较大时，在后面 PE 线上电气设备的外壳会有接触电压产生。因此，TN-C-S 系统可以降低电气设备外露导电部分对地的电压，然而又不能完全消除这个电压，这个电压的大小取决于联通前线路的不平衡电流及联通前线路的长度。负载越不平衡，联通前线路越长，设备外壳对地电压偏移就越大。所以要求负

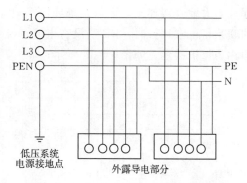

图 1-31　TN-C-S 方式供电系统

载不平衡电流不能太大，而且在 PE 线上应作重复接地；一旦 PE 线作了重复接地，只能在线路末端设立漏电保护器，否则供电可靠性不高；对要求 PE 线除了在二级配电箱处必须和 N 线相接以外，其后各处均不得把 PE 线和 N 线相连，另外在 PE 线上还不许安装开关和熔断器；民用建筑电气在二次装修后，普遍存在 N 线和 PE 线混用的情况，混用后事实上使 TN-C-S 系统变成 TN-C 系统。鉴于民用建筑的 N 线和 PE 线多次开断、并联现象严重，形成危险接触电压的机会较多，在建筑电器的施工与验收中需重点注意。

（2）IT 方式供电系统。本系统的电源不接地或通过阻抗接地，电气设备的外壳可直接接地或通过保护线接至单独接地体，如图 1-32 所示。

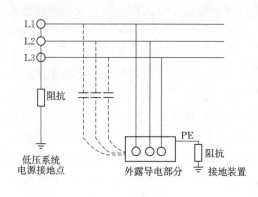

图 1-32　IT 方式供电系统

优点：运用 IT 方式供电系统，由于电源中性点不接地，相对接地装置基本没有电压。电气设备的相线碰壳或设备绝缘损坏时，单相对地漏电流较小，不会破坏电源电压的平衡，一定条件下比电源中性点接地的系统供电可靠；IT 方式供电系统在供电距离不是很长时，供电的可靠性高、安全性好。一般用于不容许停电的场所，以及有连续供电要求的地方，例如医院的手术室、地下矿井、炼钢炉、电缆井照明等处。

缺点：如果供电距离很长时运用 IT 方式供电，从图可见，电气设备的相线碰壳或设备绝缘损坏而漏电时，由于供电线路对大地的分布电容会产生电容电流，此电流经大地可形成回路，电气设备外露导电部分也会形成危险的接触电压；TT 方式供电系统的电源接地点一旦消失，即转变为 IT 方式供电系统，三相、二相负载可继续供电，但会造成单相负载中电气设备的损坏；如果消除第一次故障前，又发生第二次故障，如不同相的接地短路，故障电流很大，非常危险，因此对一次故障探测报警设备的要求较高，以便及时消除和减少出现双重故障的可能性，保证 IT 系统的可靠性。

（3）TT 方式供电系统。本系统是指，电力系统中性点直接接地，电气设备外露导电

部分与大地直接连接，而与系统如何接地无关。PE 线和 N 线分开，PE 线与 N 线没有电的联系。正常运行时，PE 线没有电流，N 线可以有电流。在 TT 系统中负载的所有接地均称为保护接地，如图 1-33 所示。

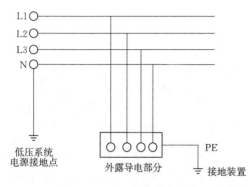

L1
L2
L3
N

低压系统
电源接地点

外露导电部分

PE

接地装置

图 1-33　TT 方式供电系统

优点：TT 方式供电系统中，当电气设备的相线碰壳或设备绝缘损坏而漏电时，由于有接地保护，可以减少触电的危险性；电气设备的外壳与电源的接地无电气联系，适用于对电位敏感的数据处理设备和精密电子设备；故障时对地故障电压不会蔓延。

缺点：短路电流小，发生短路时，短路电流保护装置不会动作，易造成电击事故；受线路零序阻抗及接地处过渡电阻的影响，漏电电流可能比较小，低压断路器不一定能跳闸，会造成漏电设备的外壳对地产生高于安全电压的危险电压，一般需要设漏电保护器作后备保护；由于各用电设备均需单独接地，TT 系统接地装置分散、耗用钢材多、施工复杂，较为困难；TT 供电系统在农村电网应用较多，一相一地的输电方式，是电源出口处漏电保护器频繁动作的主要原因；如果工作中性线断线，健全相电气设备电压升高，会造成成批电器设备损坏。因此《架空绝缘配电线路设计技术规程》（DL/T 601—1996）中10.7 规定：中性点直接接地的低压绝缘线的中性线应在电源点接地；在干线和分支线的终端处，应将中性线重复接地。三相四线供电的低压绝缘线在引入用户处，应将中性线重复接地。

2. 低压接地系统的主要形式及存在的问题

（1）主要形式。目前低压接地系统的主要形式都是从配电变压器的桩头上将中性线与变压器的外壳接在一起，将其直接接地，这根中性线一直到用户表计处，再把保护线与中性线分开装在两个铜排上，有的利用楼房内建设时留下的接地点进行连接，在施工中也没有人对其接地网情况进行接地电阻测量，有很多接地电阻是不合格的；有的在施工中就把中性线分别接在接地和中性线铜排上即是加了接地线，也从来没有人对其进行维护和检查，没有运行维护责任人，正常情况下，都是可以送电、运行的。这种运行方式就是TN-C 方式供电系统。多年来常因接地系统问题发生家用电器损坏而引起的赔偿事件，优质服务的水平也受到了一定的影响。

（2）存在问题。在 TN-C 方式供电系统的使用中，常会发生因中性线的搭头线在铜铝搭接时没有使用铜铝过渡线夹，时间长了产生铜铝氧化接触不良现象；有的搭头连接时间长了会有松动现象，而产生发热，形成断线故障；有的接地体时间长了接地电阻达不到要求，而产生故障；有的因接地线被盗而产生整个线路没有接地点的现象；或有的电网的系统电压产生变化，而引起用户电压升高；中性线因外力破坏，而引起断线；这些问题都会引起烧坏用户设备事故。

以上即为经常因发生低压线路中性线断线而烧坏用户的电气设备，或者在配电变压器负荷三相不平衡时，电压会有上下波动，从而引起部分用户的敏感性电子设备烧坏的原因。

（3）对策与措施。从对各接地系统优、缺点进行的分析情况来看，因 IT 方式供电系统和 TT 方式供电系统在供电低压线路上使用时，当线路发生故障，用电设备会产生危险电压，对人身的安全有危险性，所有供电线路不建议使用，仅从 TN-C、TN-S、TN-C-S 三种供电系统方式中来选择。

现在常用的低压配电系统接地形式为 TN-C 方式供电系统，所以今后在新上配电变压器设计时，可以根据配电变压器的主要低压负荷是什么，对电压、供电可靠性有什么要求等，对不同的变压器使用要求设计不同的低压接地方式；对于用户有大功率的启动电流时，应要求用户安装软启动设备，保证其不对供电网的电压有较大的影响；对于新上的公用配电变压器可以采用一些 TN-S 方式供电系统，利用从变压器出口增加一根保护线的方法来加强对设备的保护，试点运行良好的，可加大使用这种方法；在现有情况下，可以对一些重要低压用户，在其进线外的低压分支箱处把 TN-C 方式供电系统改为 TN-C-S 方式供电系统，并增加接地棒，保证其供电可靠性。

在施工单位施工过程中，要严格按照设计要求进行施工，要充分认识到低压接地系统对供电线路的影响，不仅要对线路上的变压器、开关、电缆等处的接地体进行接地电阻测量，也要对用户电表箱处、低压分支箱处的接地网、接地体进行接地电阻测量，保证接地系统完好。

在对新设备验收时，要请用户对楼房整体的接地网进行接地电阻测量，并出具试验报告；要加强对线路接地系统的验收；对接地线的搭头要进行抽查，检查是否有螺丝松动、接触不良现象；应核实线路中的铜铝接头处是否用了铜铝过渡线夹进行过渡；检查接地系统的施工是否按照设计要求施工。

运行人员在日常运行维护中，要加强对接地系统中的搭头处的发热情况定时进行红外测温，有发热情况要及时处理；对配变负荷、电压要进行测量，保证变压器三相负荷基本平衡，防止用户电压有较大波动，建立接地体（网）的台账，定期对线路上所有的接地体、接地网进行测量，对不合格的接地及时进行处理。对线路的铜铝接头处进行检查，对没有用铜铝过渡线夹进行连接的，要安排计划进行更换处理。

要加强对广大用户的教育宣传工作，在居民建筑修理房屋过程中，人们对电气改造时，普遍存在 N 线和 PE 线混用的情况，混用后事实上使 TN-C-S 系统变成 TN-C 系统，使民用建筑的 N 线和 PE 线多次开断、并联现象严重，形成危险接触电压的机会增多；同时对铜线和铝线的混用情况也很多，时间一长，就会产生铜铝氧化，形成接触不良，产生中性线或保护线断线现象，在房屋的施工与验收中要重点注意。

通过以上分析表明，对于选择 TN-C、TN-S、TN-C-S 3 种供电系统方式中的哪一种，作为供电线路的接地方式，要根据电气装置的特性、运行条件和要求以及维护能力的大小，综合用户和设计安装人员的意见因地制宜地选用。只要符合安装和运行规范要求，3 种接地系统方式都可以使用。

在做好接地系统方式选择的同时，在日常工作中应加强对低压接地系统的重视，在设计、施工、验收、运行维护等工作中，要认真对待，提高供电可靠性，减少因接地系统故障而引起的用户烧坏家用电器的事故。

1.3.2.2 低压配电系统中的接地类型

低压配电系统中的接地类型有工作接地、保护接地、重复接地和保护接中性线 4 种类型。

1. 工作接地

为保证电力设备达到正常工作要求的接地，称为工作接地。中性点直接接地的电力系统中，应变压器中性点接地或发电机中性点接地。

2. 保护接地

为保障人身安全、防止间接触电，将设备的外露可导电部分进行接地，称为保护接地。保护接地的形式有两种：一种是设备的外露可导电部分经各自的接地保护线分别直接接地；另一种是设备的外露可导电部分经公共的保护线接地。

3. 重复接地

在中性线直接接地系统中，为确保保护安全可靠，除在变压器或发电机中性点处进行工作接地外，还在保护线其他地方进行必要的接地，称为重复接地。

4. 保护接中性线

在 380/220V 低压系统中，由于中性点直接接地、电气设备外壳与中性线相连，此接地方式称为低压保护接中性线。

1.3.3 构筑物及电缆通道

1.3.3.1 配电站

配电站主要为低压用户配送电能，设有中压进线（可有少量出线）、配电变压器和低压配电装置，带有低压负荷的户内配电场所称为配电站，此处主要指低压室。配电站内应有照明设施、通风设施、防水防潮设施、消防设施、安全设施、模拟一次图、操作柄支架等辅助设施。

1.3.3.2 箱式变电站

箱式变电站也称预装式变电站或组合式变电站，指由中压开关、配电变压器、低压出线开关、无功补偿装置和计量装置等设备共同安装于一个封闭箱体内的户外配电装置。箱式变电站一般用于施工用电、临时用电场合、架空线路入地改造地区，以及配电室无法扩容改造的场所。

1.3.3.3 设备基础

基础是构筑物的一个组成部分，位于构筑物的下部，通常埋设在地下，它的作用是承载整个构筑物重量以及作用在构筑物上的所有荷载。

构筑物基础分为配电站基础站、箱式变电站基础、分支箱基础。

1.3.3.4 电缆通道

电缆通道包括非开挖电缆管道、电缆排管、电缆井、电缆隧道、电缆桥架和电缆沟。

（1）非开挖电缆管道是指在不开挖地表破坏路面的条件下铺设电缆管道，一般采用圆形单孔管材，管材间的连接采用热熔焊。

（2）电缆排管适用于地下管网密集的城市道路或挖掘困难的道路通道，城镇人行道开挖不便且电缆分期敷设地段，规划或新建道路地段，易受外力破坏区域，电缆与公路、铁路等交叉处，城市道路狭窄且交通繁忙的地段。

（3）电缆井适用于电缆排管、电缆沟敷设中电缆接头、电缆分支、电缆施工等工艺要求的情况。

（4）电缆桥架一般采用型钢制成，且必须采取热镀锌或油漆等防腐措施。电缆桥架应有可靠的电气连接及接地，电缆沟应全线敷设圆钢或扁铁等接地体，与电缆桥架可靠连接。

（5）电缆隧道适用于规划集中出线或走廊内电缆线路为 20 根及以上、重要变电站、发电厂集中出线区域、局部电力走廊紧张且回路集中区域。

第2章 低压架空线路施工工艺及验收

2.1 低压架空线路施工工艺及验收

2.1.1 杆塔

2.1.1.1 杆塔组立前的检查

外观检查要求如下：

（1）表面平整，无露筋、偏心、跑浆等现象。

（2）放置平面检查时，不得有纵向裂缝，横向裂缝的宽度不应超过 0.1mm。

（3）杆身弯曲不应超过杆长的 1/1000，顶部封堵情况良好。

2.1.1.2 杆塔的施工工艺要求及验收

1. 杆塔基础及埋深要求

（1）杆塔杆位应与设计要求位置一致，坑深在达到要求后，应将坑底及坑壁整平，避免在杆塔入坑时将泥土带入坑内，造成埋深不足。杆塔埋深应符合设计要求，无设计要求时按表 2-1 要求进行开挖。

表 2-1　　　　　　　　　　杆 塔 埋 设 深 度

项　　目	参　　考　　值						
杆长/m	7.0	9.0	10.0	11.0	12.0	13.0	15.0
埋深/m	1.5	1.6	1.7	1.7	1.9	2.0	2.3

注　土质松软、流沙、地下水位较高等情况时，应做特殊处理。

埋深容许偏差不应超出 −50～100mm 的范围；双杆基坑的根开中心偏差不应超过 ±300mm，两坑的埋深宜一致。

（2）杆塔基础采用卡盘时，卡盘的安装位置、方向、埋深应符合设计要求。埋深容许偏差为 ±50mm。

（3）杆塔回填土前应对杆塔进行校正，回填土时应每填厚 500mm 时夯实一次，若有土块应打碎后再填入坑内，并设高出地面 300mm 的防沉土台。

2. 杆塔位置及杆身垂直度的施工及验收要求

（1）直杆立好后应正直，横向位移不应大于 50mm，其倾斜不应超过杆梢直径的 1/2。

（2）转角杆的横向位移不大于 50mm。转角杆应向外角预偏，受力后不应向内角倾斜，其杆梢位移不应大于杆梢直径。

（3）终端杆应向拉线侧预偏，其预偏不应大于杆梢直径。受力后不应向受力侧倾斜。

（4）双杆立好后应正直，直线杆结构中心与中心桩之间的横方向位移不应大于 50mm；转角杆结构中心与中心桩之间的横、顺方向位移不应大于 50mm，迈步不应大于 30mm，根开不应超过±300mm。

2.1.2　横担

横担的安装工艺及验收要求如下：

（1）当线路为多层排列时，上层横担距杆顶不宜小于 200mm，横担间的最小垂直距离直线杆为 600mm，分支或转角杆为 300mm。

（2）直线杆的单横担应安装在负荷侧，转角杆、终端杆、分支杆若使用单横担，应安装在拉线侧。

（3）横担与杆塔成 90°交叉，端部上下歪斜、左右扭斜均不大于 20mm。

（4）螺栓穿向要求一般为：顺线路方向者由送电侧穿入；在横线路方向位于两侧者由内向外穿；横线路方向位于中间者面向负荷侧，从左向右穿；垂直方向者由下向上穿。

2.1.3　导线

低压架空导线在城区（村镇）或经过树木较多的地段一般选用架空绝缘铝导线（JK-LYJ-1kV）。

2.1.3.1　导线截面的选择

1. 导线截面选择依据

（1）经济电流密度。

（2）发热条件。

（3）容许电压损耗。

（4）机械强度。

2. 导线截面计算公式

导线的阻抗与其长度成正比，与其线径成反比。导线截面的计算为

铜线
$$S = \frac{IL}{54.4U} \qquad\qquad (2-1)$$

铝线
$$S = \frac{IL}{34U} \qquad\qquad (2-2)$$

式中　S——导线截面，mm^2；

　　I——导线中通过的最大电流，A；

　　L——导线的长度，m。

2.1.3.2　绝缘铝导线载流量

绝缘铝导线载流量可按表 2-2 估算，同等条件下绝缘铜导线可参照绝缘铝导线高一个等级考虑。

表 2 – 2　　　　　　　　　　绝缘铝导线载流量估算

项　目	估　算　值											
导线截面/mm²	1	1.5	2.5	4	6	10	16	25	35	50	70	95	120
载流量/A	9	14	23	32	48	60	90	100	123	150	210	238	300

2.1.3.3　导线的架设工艺及验收要求

（1）绝缘导线表面应平整，光滑、色泽均匀，绝缘层厚度符合规定。绝缘层应挤包紧密，且易剥离，绝缘线端部应有密封措施。

（2）放线过程中，应随时对导线进行外观检查，确保新放导线不发生磨伤、断股、扭曲、金钩、断头等现象。

（3）在同一档距内，同一根导线上的接头不应超过一个。导线接头位置与导线固定处的距离应大于 0.5m。

（4）不同金属、不同规格、不同绞制方向的导线严禁在档距内连接。

（5）绝缘导线在架设时，放线过程中不应损伤导线的绝缘层，不得有扭曲、折弯现象。

（6）在线路终端将导线卡在耐张线夹或绑回头挂在蝶式绝缘子上。

（7）绑扎用的绑线应选择与导线同金属的单股线，其截面不应小于 2mm²。绑扎线长度一般为 150～200mm。

（8）导线架设后，导线对地及交叉跨越距离应符合设计要求。

（9）导线收紧后，弧垂的误差不应超过设计要求的 15%。同档距内各相导线的弧垂宜一致，在满足弧垂容许误差规定时，各相弧垂的相对误差不应超过 200mm。

（10）导线收紧后与拉线、杆塔或构架之间的净空距离不应小于 100mm；每相过引线、引下线与相邻相的过引线、引下线或导线之间的净空距离不应小于 150mm。

（11）铜、铝导线的连接应使用铜铝过渡线夹，或有可靠的过渡措施。

（12）线路采用绝缘导线时，接头金属裸露部分应使用绝缘胶带缠绕包覆。

2.1.4　绝缘子

2.1.4.1　绝缘子的作用及要求

绝缘子主要用于固定导线，并使导线与杆塔绝缘，因此绝缘子要有一定的电气强度，同时要保证有足够的机械强度，对化学杂质的侵蚀有足够的抗御能力，能适应周围大气的变化。低压架空线路常用蝶式绝缘子。

2.1.4.2　低压蝶式绝缘子型号

低压蝶式绝缘子型号一般分为 ED – 1、ED – 2、ED – 3、ED – 4，技术参数见表 2 – 3。

表 2 – 3　　　　　　　　　　低压蝶式绝缘子技术参数表

产品型号	主要尺寸/mm							瓷件机械破坏强度 ≥/kN	工频电压≥/kV		重量/kg
	H	h	D	d	d1	d2	R		干闪	湿闪	
ED – 1	90	46	100	95	50	22	12	12	22	10	0.8
ED – 2	75	38	80	75	42	20	10	10	18	9	0.5

| 产品型号 | 主要尺寸/mm | | | | | | | 瓷件机械破坏强度≥/kN | 工频电压≥/kV | | 重量/kg |
	H	h	D	d	$d1$	$d2$	R		干闪	湿闪	
ED-3	65	34	70	65	36	16	8	8	16	7	0.25
ED-4	50	26	60	55	30	16	6	5	14	6	

2.1.4.3 绝缘子外观检查工艺及验收标准

绝缘子应符合《高压绝缘子瓷件技术条件》（GB 772—2016）的规定。安装绝缘子前应进行外观检查，且符合下列要求：

（1）绝缘子镀锌良好，螺杆与螺母配合紧密。

（2）瓷绝缘子轴光滑，无裂纹、缺釉、斑点、烧痕和气泡等缺陷。

（3）绝缘子表面无脏污、缺釉、裂缝，固定连接可靠，无偏斜。

（4）安装牢固，无偏斜，螺母、销子等有无缺失。

（5）金属部分无锈蚀、裂纹、镀锌层脱落等现象，与瓷件连接处无裂纹、断裂。

2.1.4.4 绝缘子的安装

当导线为 $35mm^2$ 及以下时，选用 ED-3 蝶式绝缘子；当导线为 $50mm^2$ 及以上时，选用 ED-2 蝶式绝缘子。绝缘子通过 M-16 螺栓与横担连接固定，并在连接处放上 $\phi18$ 垫圈。零线绝缘子颜色应与火线有明显区别。

绝缘子安装完毕后应无裂纹，连接可靠，并用干净的抹布将沾在绝缘子表面的脏污抹去。

绝缘子与导线的固定方式如下：

（1）绝缘子顶部与导线的固定。铝包带应超过绝缘子绑扎部位两侧 3cm，缠绕应均匀。扎线一般应使用与导线相同材质的导线，破股后单线绑扎，取 2m 左右。缠绕 3～5 扣后，由下侧顺线到绝缘子上方的顶部交叉后，分别从对面的下侧收回扎线，自扎完成绑扎。

（2）绝缘子侧面与导线的固定。使用扎线的中间部位，从绝缘子的一侧同时返到绝缘子的对面，自上而下交叉后返回，各自缠绕绝缘子后再由下而上缠绕导线 3～5 扣，分别从对面的下侧收回扎线，自扎完成绑扎。

（3）导线回头的绑扎。绑扎时应按规程规定，将导线回头留出适当距离，以免因扎线受力伤害导线。截面 $25mm^2$ 的导线一般留出从绝缘子中心算起至扎线间 10cm 即可。大于或小于 $25mm^2$ 的导线，可适当增加或缩小。

绑扎时先余出自绑线头，缠绕 3～5 扣后，返回余头并至导线缠绕 10cm 左右，翘起主线回头，缠绕主线 3～5 扣后，扎线与原扎线余头自扎即可。

其他注意事项如下：

（1）已在铜线上用过的绝缘子，在使用于铝线上时，应擦洗干净，以防止铜屑黏在铝上。

（2）固定绝缘子的螺丝应由下向上安装，牢固连接可靠。

（3）绝缘子安装时，应将瓷件表面与瓷裙内部污垢清扫干净，与横担的接触要紧固。

2.1.5 金具及拉线

2.1.5.1 金具外观检查

金具在使用前应进行如下外观检查：

（1）金具表面光洁，无裂纹、毛刺、飞边、砂眼、气泡等缺陷。

（2）线夹金具转动灵活，与导线接触面符合要求。

（3）镀锌良好，无锌皮脱落、锈蚀现象。

（4）螺栓表面不应有裂纹、砂眼、锌皮剥落及锈蚀等现象，螺杆及螺母应配合良好。

（5）塑料、橡胶件应完整无损，螺帽螺杆配合良好。

（6）金具上的各种连接螺栓应有防松装置，采用的防松装置应镀锌良好、弹力合适、厚度符合规定。

（7）线夹与导线接触面应符合要求，线夹应选择与导线相对应的型号。

2.1.5.2　金具的安装工艺及验收

（1）螺栓应从送电侧穿入受电侧，紧固金具、支持金具等。可以和绝缘子一并安装，除了应考虑绝缘子的安装要求外，还应考虑此金具与导线的合理匹配；当紧固金具、支持金具是螺栓型金具，用于固定导线时，铝线的外层应包两层铝包带并用螺栓和垫块来固定，当紧固金具是楔型耐张线夹时，铝线线芯上不必缠绕铝包带，可以直接安装。

（2）引线搭接需要使用接续金具时，应根据导线截面、材料质量等选择相应型号的金具，并满足规定数量的要求。要在导线上涂电力脂（导电膏），用钢丝刷做清除氧化层工作并用干净布擦去污垢，视实际工况可重复做多次。当接续金具是螺栓固定时，用扳手即可安装，但当接续金具是楔块固定导线时，需用专用工具来完成。

（3）应根据导线规格、最大使用张力和安全系数要求，考虑所用金具与导线相互匹配，紧固金具主要是根据导线截面和导线张力等因素来验收其强度，支持金具主要是根据导线截面和导线材料等因素来验收匹配，接续金具主要是根据导线截面、材料质量和规定连接导线金具的数量等因素来验收，拉线金具主要是根据导线张力、拉线位置等因素来验收，连接金具主要是根据导线张力与承力金具之间的连接要求等因素来验收，保护金具主要是根据导线截面、配套器材结构等因素来验收。

2.1.5.3　拉线制作与安装工艺及验收

（1）拉线与地面的夹角一般为45°，在条件、环境限制的情况下，根据实际情况可在30°～60°选择。拉线距带电部分在200mm以上，拉线穿过带电线路时，应在拉线上加装拉线绝缘子。拉线底盘应垂直于拉线，其埋深为1.3～2.1m。拉线棒外露地面部分的长度应为500～700mm。

（2）线夹舌板与拉线应接触紧密，受力后无滑动现象，线夹凸肚在尾线侧，安装时不应损伤线股。

（3）拉线弯曲部分不应有明显松股，拉线断头处与拉线主线应固定可靠，线夹处露出的尾线长度为300～500mm，尾线回头后与本线应扎牢。

（4）UT型线夹螺杆应露扣，并应有不小于1/2螺杆丝扣长度可供调紧，调整后，UT型线夹的双螺母应并紧。

2.1.6　低压架空线路安装验收实例

2.1.6.1　低压架空线路整体验收要求

（1）0.4kV架空线路导线一般采用水平排列，中性线或保护中性线不应高于相线，同一供电区导线的排列相序应统一，中性线或保护中性线架设时应排列在靠近道路侧的第2根，中性线固定采用棕色绝缘子，其余采用白色绝缘子。

（2）路灯线不应高于其他相线、中性线或保护中性线（用户路灯线不得借用农村公变的架空中性线）。

（3）架空绝缘线路耐张杆两侧、分支杆、出线杆、终端杆均应装设验电接地环。

2.1.6.2 低压架空线路整体验收实例图

依据低压架空线路工艺及验收标准，选取实际现场标准工艺及验收样例，如图2-1～图2-5所示。

图2-1 0.4kV线路直线接户杆（整体）

图2-2 0.4kV线路直线接户杆（接头）

图2-3 0.4kV线路直线分支杆

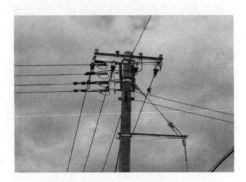

图2-4 0.4kV线路终端转角杆

图2-5 0.4kV线路终端杆及四线接户线搭头安装

2.2 低压电缆线路施工工艺及验收

低压电缆线路施工工艺及验收和运行应分别符合《电气装置安装工程电缆线路施工及验收规范》(GB/T 50168－2006)、《电力电缆线路运行规程》(Q/GDW 512－2010) 的要求。

2.2.1 电缆的选用

2.2.1.1 电缆防火、阻燃要求

(1) 敷设在电缆防火重要部位的电力电缆，应选用阻燃电缆。敷设在配电室电缆通道或电缆夹层内，自终端起到站外第一只接头的一段电缆，宜选用阻燃电缆，也可使用涂防火涂料或包防火阻燃带的交联聚乙烯绝缘电缆。

(2) 在电缆敷设完成后应理顺并逐根固定在电缆支架上，所有电缆走向按出线仓位顺序排列。电缆相互之间应保持一定间距，不得重叠，尽可能少交叉，如需交叉，则应在交叉处用防火隔板隔开。在电缆通道和电缆夹层内的电力电缆应有线路名称标识。

(3) 为了有效防止电缆因短路或外界火源造成电缆引燃或沿电缆延燃，应对电缆及其构筑物采取防火封堵分隔措施。电缆穿越楼板、墙壁或盘柜孔洞以及管道两端时，应用防火堵料封堵。防火封堵材料应密实无气孔，封堵材料厚度不应小于 100mm。

(4) 电缆构筑物中电缆引至电气柜、盘或控制屏、台的开孔部位，电缆贯穿隔墙、楼板的孔洞处，工作井中电缆孔管等均应实施防火封堵。改、扩建工程施工中，对于贯穿已运行的电缆孔洞、阻火墙，应及时恢复封堵。在封堵电缆孔洞时，封堵应严实可行，不应有明显的裂缝和可见的孔隙，孔洞较大者应加耐火衬板后再进行封堵。

(5) 电缆接头应采用防火涂料进行表面阻燃处理，即在接头及其两侧 2～3m 和相邻电缆上绕包阻燃带或涂刷防火涂料，涂料总厚度应为 0.9～1.0mm。

(6) 在竖井中，宜每隔 7m 设置阻火隔层。

(7) 在重要回路的电缆沟中宜设置阻火墙的有下列部位：

1) 公用主沟道的分支处。

2) 长距离沟道中相隔约 200m 或通风区段处。

3) 至控制室或配电装置的沟道入口、厂区围墙处。

4) 多段配电装置对应的沟道适当分段处。

2.2.1.2 电缆绝缘水平

0.4kV 及以下电缆一般选用相间额定电压为 1kV，电缆缆芯与绝缘屏蔽或金属屏蔽之间额定电压为 0.6kV 的电缆。电缆绝缘层应无损伤，电缆中间接头和终端头应有可靠的防水密封措施。

2.2.1.3 电缆外护层类型

低压电缆一般选用聚氯乙烯护套电缆外护层。防火有低毒性要求时，不宜选用聚氯乙烯电缆，可选用交联聚乙烯或乙丙橡皮等不含卤素的绝缘电缆。水下或在流沙层、回填土

地带等可能出现位移的土壤中，电缆应有钢丝铠装。一般情况下电缆型号、名称及其适用范围，见表 2-4。

表 2-4　　　　　　　　　　0.4kV 电缆型号、名称及其适用范围

型　号		名　称	适 用 范 围
铜　芯	铝　芯		
YJV22-0.6/1VV22	YJLV22-0.6/1VLV22	交联聚乙烯绝缘钢带铠装聚氯乙烯护套电力电缆、聚氯乙烯绝缘聚氯乙烯护套内钢带铠装电力电缆	可用于土壤直埋敷设，能承受机械外力作用，但不能承受大的拉力
YJY23-0.6/1	YJLY23-0.6/1	交联聚乙烯绝缘钢带铠装聚乙烯护套电力电缆	可敷设于土壤直埋、水中，能承受机械外力作用，但不能承受大的拉力
YJV32-0.6/1	YJLV32-0.6/1	交联聚乙烯绝缘细钢丝铠装聚氯乙烯护套电力电缆	敷设于高落差土壤中，电缆能承受相当大的拉力
YJY33-0.6/1	YJLY33-0.6/1	交联聚乙烯绝缘细钢丝铠装聚乙烯护套电力电缆	敷设于高落差土壤、水中，电缆能承受相当大的拉力

2.2.1.4　电力电缆截面选择

电力电缆缆芯截面选择的基本要求如下：

（1）最大工作电流作用下的缆芯温度不得超过按电缆使用寿命确定的容许值。持续工作回路的缆芯工作温度：交联聚乙烯绝缘电缆不超过 90℃，聚乙烯绝缘电缆不超过 70℃。

（2）电缆线路运行电流一般应控制在安全电流的 2/3 以下，超过时应采取分路措施；电缆线路的运行电流应根据其在电网中的地位留有适当的裕度。

（3）三相四线制系统的电缆中性线截面应与相线截面相同。

（4）由多根电缆并联装设运行时，宜采用相同材质、相同截面和相同长度的电缆。

（5）0.4kV 线路一般选用 $4 \times 240 mm^2$ 及以下电缆；住宅小区内从 0.4kV 及以下电缆分支箱至单元电表箱的电缆截面不小于 $25 mm^2$。

2.2.1.5　电缆容许工作温度与容许载流量

（1）电缆导体的长期容许工作温度不应超过表 2-5 中所列的数字（若与制造厂规定有出入时，应以制造厂规定为准）。

表 2-5　　　　　电缆导体的长期容许工作温度（额定电压 3kV 及以下）

电缆种类	温度/℃	电缆种类	温度/℃
天然橡皮绝缘	65	聚乙烯绝缘	70
聚氯乙烯绝缘	65	交联聚乙烯绝缘	90

（2）电缆正常运行时的长期容许载流量不应超过表 2-6 要求。

表 2-6　　　　　　　　电缆正常运行时的长期容许载流量　　　　　　　　单位：A

标称截面 /mm²	在 空 气 中		在 地 下	
	铜芯	铝芯	铜芯	铝芯
4	28	22	37	28
6	38	28	46	36
10	51	40	61	47
16	68	53	80	61
25	92	71	106	82
35	115	89	130	101
50	144	111	161	124
70	178	136	194	148
95	218	168	231	177
120	253	195	263	204
150	297	228	303	233
185	344	263	340	263

2.2.2　敷设及验收

电缆敷设前，应先查核电缆的型号、规格，并检查有无机械损伤及受潮。对 1kV 及以下电缆，应用 2500V 绝缘电阻表测量，电缆的绝缘电阻（20℃时）不低于 100MΩ/km；对于 3kV 及以下的电缆，可用 1000V 绝缘电阻表测量，电缆的绝缘电阻不低于 50MΩ/km。

采用直接埋地或电缆沟敷设方式时，均需首先挖好沟，即按施工图要求在地面用白粉划出电缆敷设的路径和沟的宽度，然后按电缆的敷设方法和埋深要求挖沟。

电缆线路的敷设有直接埋地敷设，排管（保护管）敷设，电缆沟、竖井敷设，桥架、钢缆敷设，沿墙敷设或吊挂敷设等多种方式。

2.2.2.1　直接埋地敷设

一般适用于市区人行道、绿化带、公园绿地及公共建筑间的边缘地带。

（1）电缆外皮至地下构筑物基础不得小于 0.3m。

（2）电缆外皮至地面深度不得小于 0.7m；当位于车行道或耕地下时，应适当加深，且不宜小于 1m。

（3）电缆表面距地面不应小于 0.7m，穿越农田时不应小于 1.0m。在引入建筑物、与地下建筑物交叉及绕过建筑物时可浅埋，但应采取保护措施。

（4）空旷地带，沿电缆路径的直线间隔 50～100m、接头处、转弯处或进入建筑物处，应有明显的方位标志或标桩。

（5）与铁路、公路或街道交叉处的防护管长度应超出路基、街道路面两边以及排水沟边 0.5m 以上。

（6）直接埋地敷设的电缆，严禁位于地下管线的正上方或下方，且应符合表 2-7 的要求。

表 2 - 7　　　　　电缆与电缆或管道、道路、构筑物等相互间容许最小距离　　　　单位：m

电缆直埋敷设时的配置情况		平　行	交　叉
电力电缆之间或与控制电缆之间	10kV 及以下电力电缆	0.1	0.5①
	10kV 以上电力电缆	0.25②	0.5①
不同部门使用的电缆		0.5②	0.5①
电缆与地下管沟	热力管沟	2③	0.5①
	油管或易燃气管道	1	0.5①
	其他管道	0.5	0.5①
电缆与铁路	非直流电气化铁路路轨	3	1
	直流电气化铁路路轨	10	1
电缆与建筑物基础		0.6③	
电缆与公路边		1③	
电缆与排水沟		1③	
电缆与树木的主干		0.7	
电缆与配电线杆、路灯杆、电车拉线杆、架空通信杆之间中心距		1	

① 用隔板分隔或电缆穿管时不得小于 0.25m。

② 用隔板分隔或电缆穿管时不得小于 0.1m。

③ 特殊情况时，减小值不得大于 50%。

（7）直接埋地敷设的电缆与铁路、公路或街道交叉时，应穿保护管，且保护管长度超出路基、街道路面两边以及排水沟边 0.5m 以上。

（8）直接埋地敷设的电缆引入构筑物时，在贯穿墙孔处应设置保护管，且对管口实施阻水堵塞。

（9）直接埋地敷设电缆的接头配置应符合下列规定：

1）接头与邻近电缆的净距不得小于 0.25m。

2）并列电缆的接头位置宜相互错开，且不小于 0.5m 的净距。

3）斜坡地形处的接头安置应呈水平状。

4）对重要回路的电缆头，宜在终端头或中间头附近留有电缆余量。

2.2.2.2　排管敷设

（1）电缆排管内壁应光滑无毛刺。电缆排管的选择应满足使用条件所需的机械强度和耐久性。

（2）电缆排管一般采用镀锌钢管、水泥管及其他合成材料的管材等。交流单相电缆以单根穿管时，不得用未分隔磁路的钢管。

（3）在防火或机械性要求高的场所，对部分或全部露出在空气中的电缆保护管，宜采用镀锌钢管。

（4）横穿铁路、公路、街道等，应采用满足抗压要求的管材。

（5）保护管管径与穿过电缆数量的选择应符合下列规定：

1）每管只穿 1 根电缆。

2）管的内径不宜小于电缆外径的 1.5 倍，低压排管的管孔内径一般不小于 75mm，高压电缆排管的管孔内径一般不小于 100mm。

（6）单根保护管使用时，应符合下列规定：

1）保护管距地面深度不宜小于 0.5m，与铁路交叉处距路基不宜小于 1.0m，距排水沟底不宜小于 0.5m。

2）并列管之间宜有不小于 20mm 的空隙。

（7）使用排管时，应符合下列规定：

1）管孔数应按发展预留。

2）缆芯工作温度相差大的电缆，应分别配置于适当间距的不同排管内。

3）排管顶部土壤覆盖厚度不宜小于 0.5m，排管下应铺设至少厚 100mm 的碎石垫层及厚 100mm 的 C10 混凝土地板，浇筑混凝土时排管管壁外至少留有厚 110mm 的 C20 混凝土。

4）排管应置于经整平夯实的土层上且有足以保持连续平直的垫层，纵向排水坡度不宜小于 0.2%。

5）管孔端口应有防止损伤电缆的处理。

6）排管尽可能做成直线，如需避让障碍物时，可做成圆弧状排管，但圆弧半径不得小于 12m；如使用硬质管，则在两管镶接处的折角不得大于 2.5°。

（8）较长排管中的下列部位应设有工作井：

1）电缆牵引间隔处，一般情况下，直道上每隔 40～60m 需设置 1 只工作井。

2）电缆中间接头处。

3）排管方向改变或电缆从排管转入直接埋地处。

4）管路坡度较大且需防止电缆滑落的必要加强固定处。

（9）工作井的大小、深度根据电缆的数量及工作井的性质确定，工作井应有集水坑等排水设施，向集水坑泄水坡度不应小于 0.3%。安装在工作井内的金属构件皆应用镀锌扁钢与接地装置连接。每座工作井应设接地装置的接地电阻不应大于 10Ω。工作井两端的排管孔口应封堵。

2.2.2.3 电缆沟、竖井敷设

电缆沟、竖井敷设一般适用于不能直接埋入地下且无机动车负载或电缆数量较多、路径较弯曲的通道。具体的敷设要求如下：

（1）沿线的盖板、井盖应能正常打开，盖板应齐全、完整，封盖严密。

（2）沟体无倾斜、变形及塌陷，沟内无刺激性气味、无积水和杂物等。

（3）敷设在房屋内、隧道内和不填砂土的电缆沟内的电缆线路如有接头，应在接头的周围采取防止火焰蔓延的措施。

（4）沟（井）内进出管口电缆外表完好，绝缘无损伤；电缆的弯曲半径应符合《电力电缆线路运行规程》（Q/GDW 512—2010）的规定。

（5）电缆沟中通道的净宽不宜小于表 2-8 中所列的值。

表 2－8	电缆沟中通道净宽最小容许值		单位：mm
电缆支架配置及其通道特征	电缆沟沟深		
	＜600	600～1000	＞1000
两侧支架间净通道	300	500	700
单列支架与壁间通道	300	450	600

（6）电缆支架、梯架或托盘的层间距离应满足能方便地敷设电缆及其固定、安置接头的要求，且在多根电缆同置于一层的情况下，有更换或增设任一根电缆及其接头的空间。电缆支架层间垂直距离宜符合表 2－9 中所列数值。

表 2－9	电缆支架、梯架或托盘的层间垂直距离的最小容许值	单位：mm	
电缆电压等级和类型、敷设特征		普通支架、吊架	桥架
电力电缆明敷	6kV 及以下	150	250
	6～10kV 交联聚乙烯	200	300
	20kV 交联聚乙烯	300	350
电缆敷设在槽盒中		$h+80$	$h+100$

注：h 表示槽盒外壳高度。

（7）水平敷设情况下电缆支架的最上层、最下层布置尺寸应符合下列规定：

1）最上层支架距构筑物顶板或梁底的净距最小容许值应满足电缆引接至上侧柜盘时的容许弯曲半径要求，且不宜小于标准所规定的数值再加 80～150mm 的合值。

2）最上层支架距其他设备装置的净距不得小于 300mm，当无法满足时应设置防护板。

3）最下层支架距地坪、沟道底部的净距不宜小于标准所规定的数值。

（8）砖砌电缆沟槽下应铺设至少厚 100mm 的碎石垫层及厚 100mm 的 C15 混凝土地板，现浇电缆沟槽下应铺设至少厚 100mm 的 C15 混凝土地板。

（9）电缆沟槽应满足防止外部进水、渗水的要求，电缆沟槽应能实现排水畅通，且符合下列规定：

1）电缆沟槽的纵向排水坡度不得小于 0.5％。

2）沿排水方向适当距离宜设集水井及排水设施，必要时实施机械排水。

（10）电缆沟槽工作井的设置如下：

1）为了便于电缆沟槽内排水，应每隔 50～60m 设置一只工作井。

2）电缆中间接头处。

3）电缆沟槽分支处。

4）电缆从沟槽转入排管（保护管）或直接埋地处。

（11）工作井的大小、深度根据电缆的数量及工作井的性质确定，工作井应有排水设施。

2.2.2.4　桥架、钢缆敷设

桥架本体无开裂痕迹，两侧基础无明显变化，本体和连接螺丝无缺损、锈蚀；钢缆敷

设的电缆金属护套、铠装及钢缆均应可靠接地，杆塔和配套金具应满足强度要求；固定夹具、构件、支架应牢固。

2.2.2.5 沿墙敷设或吊挂敷设

这种敷设方式就是把电缆明敷在（预埋）墙壁上，电缆进表箱处应做滴水弯头。

其特点是结构简单、维护检修方便，但易积灰及受外界影响，也不够美观。

在选择电缆线路路径和敷设方式时，不仅要考虑主要敷设方式的适用条件，还应同时根据当地的发展规划和现有建筑物的密度、电缆线路的长度、敷设电缆数量及周围环境的影响等进行综合分析，合理选择电缆的安装方式。

2.2.2.6 电缆敷设要求

（1）电缆在任何敷设方式及其全部路径条件的上下、左右改变部位，都应满足电缆容许弯曲半径要求。电缆的弯曲半径应符合如下电缆绝缘及其构造特性要求：

1）单芯交联聚乙烯绝缘电缆的弯曲半径不小于电缆外径的 12 倍。

2）多芯交联聚乙烯绝缘电缆的弯曲半径不小于电缆外径的 10 倍。

（2）电力电缆在终端头与接头附近宜适当留有备用长度，备用长度不宜过长。

（3）电缆群敷设在同一通道中位于同侧的多层支架上配置，应符合下列规定：

1）应按电压等级由高至低的顺序排列。

2）支架层数受通道空间限制时，电缆可排列于同一层支架，1kV 及以下电力电缆也可与强电控制和信号电缆配置在同一层支架上。

（4）明敷的电缆不宜平行敷设于热力管道上部，电缆与管道之间无隔板防护时，相互间距应符合表 2-10 的规定。

表 2-10	电缆与管道相互间容许距离	单位：mm

电缆与管道之间走向		距离
燃气管道、热力管道	平行	1000
	交叉	500
其他管道	平行	150

（5）在电缆登杆（塔）处，凡露出地面部分的电缆应套入具有一定机械强度的保护管加以保护。保护管总长不应小于 2.5m，其中埋入地下长度一般为 0.3m。单芯电缆应采用非磁性材料制成的保护管。

（6）电缆终端头、电缆接头处、电缆管两端、电缆井等处应装设电缆标志牌，标志牌上应注明线路名称及编号、电缆型号、规格及起始点，并联使用的电缆应有顺序号。标志牌的字迹应清晰不易脱落，标志牌应有防腐措施，挂装应牢固。

（7）电缆沟沟壁、盖板及其材质构成应满足可能承受荷载和适合环境耐久的要求，一般采用钢筋混凝土盖板，并应符合下列要求：

1）混凝土盖板的宽度一般为 0.5m，长度一般为 1.2m、1.5m、1.8m 三种。

2）混凝土盖板强度按抗压荷载分为重板、轻板两种。重板主要用于行车道及可上汽车的人行道等有大型载重设备经过的地方，盖板厚度一般为 20cm，可承受 20t 汽车通行。

轻板主要用于绿化带、住宅小区、人行道等没有大型载重设备经过的地方，盖板厚度一般为 12cm，容许荷载一般为 500kg/m²。

3）每组混凝土盖板上应至少设有一对吊环，便于盖板的吊运和安装。

4）混凝土盖板吊环规格：重板不小于直径 20mm 圆钢（配-6×60 的扁铁压板），轻板不小于直径 8mm 圆钢（配-4×40 扁铁压板），吊环两端应带双帽，需热镀锌。

5）凝土盖板上下角铁用电焊可靠焊接并与盖板内钢筋焊为一体后浇铸，混凝土标号为 C25，上下角铁需热镀锌。

6）每座封闭式工作井的顶板应设置直径不小于 700mm 的人孔两个。

（8）电缆管应符合下列要求：

1）电缆管不应有穿孔、裂缝和显著的凹凸不平，内壁应光滑。

2）电缆管的内径与电缆外径之比不得小于 1.50；每根电缆管的弯头不应超过 3 个，直角弯不应超过 2 个。

3）无防腐措施的金属电缆管应在外表涂防腐漆，镀锌管锌层剥落处也应涂以防腐漆。

4）管口应无毛刺和尖锐棱角；电缆管弯制后，不应有裂缝和显著的凹瘪现象，其弯扁程度不宜大于管子外径的 10%；电缆管的弯曲半径不应小于所穿入电缆的最小容许弯曲半径。

5）引至设备的电缆管管口位置应便于与设备连接并不妨碍设备拆装和进出。并列敷设的电缆管管口应排列整齐。

（9）电缆管的连接应符合下列要求：

1）金属电缆管不宜直接对焊，宜采用套管焊接的方式，连接时应两管口对准、连接牢固、密封良好；套接的短套管或带螺纹的管接头的长度不应小于电缆管外径的 2.2 倍。采用金属软管及合金接头作电缆保护接续管时，其两端应固定牢靠、密封良好。

2）硬质塑料管在套接或插接时，其插入深度宜为管子内径的 1.1～1.8 倍。在插接面上应涂以胶合剂粘牢密封；采用套接时套管两端应采取密封措施；成排管敷设塑料管多采用橡胶圈密封。

3）水泥管宜采用管箍或套接方式进行连接，管孔应对准，接缝应严密，管箍应有防水垫密封圈，防止地下水和泥浆渗入。

2.2.3 电缆附件

2.2.3.1 电缆终端头的选用

（1）电缆终端头一般采用象鼻式，并在终端头处装设接地环。

（2）20kV、10kV 电缆一般采用交联热缩型或预扩张冷缩型电缆头附件；0.4kV 及以下电缆一般采用热缩型电缆头附件，也可采用干包式电缆头附件。对电缆终端有特殊要求的（如 RM6 环网柜），需选用专用的插拔式终端。

（3）电缆终端头、中间接头的额定电压及其绝缘水平不得低于所连接电缆额定电压及其要求的绝缘水平。电缆线路与架空线相连的一端需装设避雷器，长度超过 50m 的电缆两端均装设避雷器，两端与架空线相连的在两端分别装设避雷器。

2.2.3.2　0.4kV 电缆终端头制作

（1）严格按照电缆附件的制作要求制作电缆终端，根据电缆终端和电缆的固定方式确定电缆头的制作位置。

（2）电缆终端安装时应避开潮湿的天气，且尽可能缩短绝缘暴露的时间。如在安装过程中遇雨雾等潮湿天气，应及时停止作业，并做好可靠的防潮措施。

（3）电缆终端采用分支手套，分支手套应尽可能向电缆头根部拉近，过渡应自然、弧度一致，分支手套、延长护管及电缆终端等应与电缆接触紧密。

（4）选用浇铸式接线端子应采用压接钳进行压接，压接工艺符合规范要求；铜线端子应镀锡。

（5）将芯线插入接线端子内，用压线钳压紧接线端子，压接应在两模以上。

（6）地线的焊接部位用钢锉处理。

（7）采用相应颜色的胶布进行相位标识，确认相序一致。

2.2.4　0.4kV 电缆线路实例

依据低压电缆线路施工工艺及验收标准，选取实际现场标准工艺及验收样例，如图 2-6～图 2-12 所示。

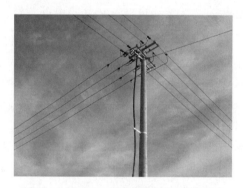

图 2-6　0.4kV 直线电缆及架空分支杆

图 2-7　0.4kV 电缆上杆固定装置图

图 2-8　0.4kV 电缆至分接箱

图 2-9　0.4kV 电缆穿管敷设装置图
（电缆保护管应由支架抱箍安装固定）

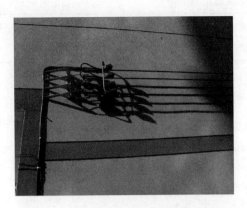
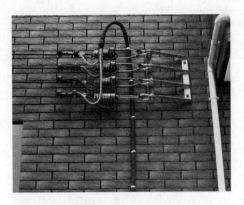

图2-10　0.4kV电缆分接箱出线与
户联线终端搭接安装

图2-11　0.4kV电缆出线与
户联线终端搭接安装

图2-12　0.4kV电缆分接箱出线与户联线直线搭接安装

2.3　低压接户线及户联线施工工艺及验收

2.3.1　绝缘导线截面的选择

（1）接户线的导线截面应根据容许载流量选择，每户用电容量可按城镇不低于8kW、一般乡村不低于4kW、偏远乡村不低于2kW计算。选择接户线截面时应留有裕度，以备可预见的户数增加。

（2）接户线采用铝芯绝缘导线最小截面不宜小于16mm²，铜芯绝缘导线最小截面不宜小于10mm²。铝芯电缆和铝芯平行集束绝缘导线为25mm²，进表线为10mm²。

（3）接户线和户联线应采用耐气候型绝缘电线，电线截面按容许载流量选择。截面选型参照标准要求执行。

（4）绝缘铜、铝导线载流量。绝缘铝导线载流量可按表2-11估算，同等条件下绝缘铜导线可参照绝缘铝导线高一个等级考虑。

表 2-11					绝缘铝导线载流量估算							
导线截面/mm²	1	1.5	2.5	4	6	10	16	25	35	50	70	95	120
载流量/A	9	14	23	32	48	60	90	100	123	150	210	238	300

2.3.2 接户线、户联线接线方式

选取常用的接户线、户联线架空接户装置方案供参考，分别为：380V、220V 分相导线架空接线方式，380V、220V 集束导线架空接户方式，户联线集束导线敷设方式，如图 2-13～图 2-17 所示。

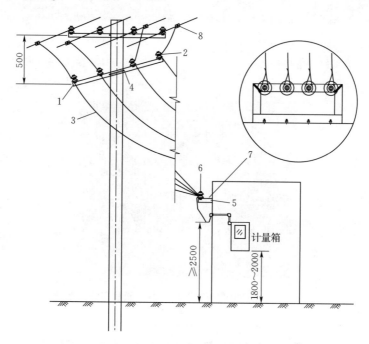

图 2-13　380V 分相导线架空接线方式示意图
（并沟 S 线夹、蝶式绝缘子等根据导线截面进行调整，所有铁件均热镀锌防腐）
1—四线铁横担；2—蝶式绝缘子；3—JKLYJ 等分相导线；4—U 型抱箍 U16-190；5—膨胀螺栓 ϕ12×100；
6—螺栓 M16×120；7—四线 Ⅱ 型支架∠50×5×1700；8—并沟线夹（带绝缘罩）

常用的进表线接线方式主要有两种：三相四线进动力表箱、二相二线进普通用户接线方式。

2.3.3 接户线、户联线支架施工工艺及验收要求

（1）支架应经热浸锌。

（2）接户线支架宜采用 50mm×50mm×5mm 的角钢，接户线的支持构架应牢固。

（3）接户线支架离地面高度应不高于 4m，不低于 3m，在主要街道不应低于 3.5m，在特殊情况下最低不应低于 2.5m，否则应采取加高措施，同一台片接户线支架安装应保持同一水平高度。

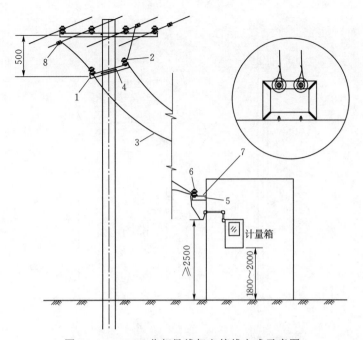

图 2-14　220V 分相导线架空接线方式示意图
（并沟线夹、蝶式绝缘子等根据导线截面进行调整，所有铁件均热镀锌防腐）

1—二线铁横担；2—蝶式绝缘子；3—JKLYJ 等分相导线；4—U 型抱箍 U16-190；5—膨胀螺栓 ϕ12×100；
6—螺栓 M16×120；7—二线 Ⅱ 型支架∠50×5×1000；8—并沟线夹（带绝缘罩）

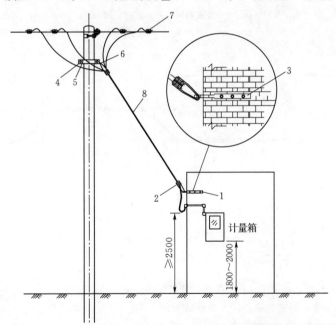

图 2-15　0.4kV 集束导线架空接线方式示意图
（并沟线夹、耐张线夹等金具和附件根据导线截面进行调整；所有铁件均
热镀锌防腐；适用建筑物上接户装置，耐张抱箍转交尽量与拉攀保持水平方向）

1—有眼拉攀，10mm×40mm×370mm；2—集束耐张线夹；3—膨胀螺栓 ϕ12×100；4—膨胀螺栓 ϕ12×100；
5—螺栓 M16×70；6—U 型挂环 U-7；7—并沟线夹（带绝缘罩）；8—集束导线 BS1-JKLYJ（JKYJ）

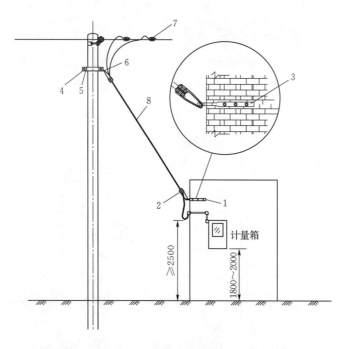

图 2-16 220V 集束导线架空接线方式示意图

（并沟线夹、耐张线夹等金具和附件根据导线截面进行调整；所有铁件均热镀锌防腐；

适用建筑物上接户装置，耐张抱箍转交尽量与拉攀保持水平方向）

1—有眼拉攀，10mm×40mm×370mm；2—集束耐张线夹；3—膨胀螺栓 φ12×100；4—膨胀螺栓 φ12×100；

5—螺栓 M16×70；6—U 型挂环 U-7；7—并沟线夹（带绝缘罩）；8—集束导线 BS1-JKLYJ（JKYJ）

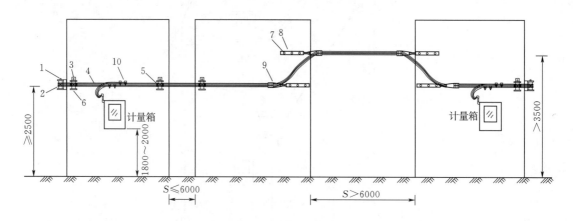

图 2-17 户联线（集束电缆）敷设方式示意图

（支架高度应保持一致，并满足接户线对地净高大于 2.5m，两支持点间距应尽量均匀，最大不超过

6m，超过 6m 时加装耐张线夹，且满足导线对地垂直距离不小于 3.5m，并且应对导线进行

受力校验；计量箱满足对地净高大于 1.8m；所有铁件均热镀锌防腐）

1—转交支架，4mm×40mm×680mm；2—工字瓷瓶 120mm；3—L 形扁铁支架，5mm×50mm×370mm；

4—集束导线；5—扎线 BV，2.5mm²；6—螺栓 φ12×160；7—膨胀螺栓 φ12×80；8—有眼拉攀，

10mm×40mm×370mm；9—集束耐张线夹；10—穿刺线夹

（4）接户线沿墙敷设时，两端应使用加强型 L 型铁，中间使用普通型 L 型铁。

（5）支架安装应稳定牢固，无松动、下垂、歪斜等，支架的固定应用直径不小于 12mm 的螺栓穿墙固定，墙内铁垫片规格不小于 5mm×80mm×80mm。当墙为实心砖墙且支架在垂直墙面方向不受外拉力作用时，可用直径不小于 12mm 的膨胀螺丝固定，横担、支架的埋入深度应根据受力情况确定，但不应小于 120mm。

（6）施工及验收注意事项如下：

1）考虑到对墙体容易造成损坏，建议不使用插墙铁和平头铁板。

2）墙头铁板一般使用 L 字铁、T 型铁板、工字铁板。用膨胀螺丝固定，安装高度应符合要求。如是线径较大、可承受拉力较强的，应使用门字型铁板。

3）墙头铁板上装 ED-3 蝶式瓷瓶，用 4mm² 铜芯线绑扎，绑扎长度应符合表 2-12 所示数值。

表 2-12　　　　　　　　　　绑　扎　长　度

导线截面/mm²	绑扎长度/mm	导线截面/mm²	绑扎长度 mm
10 及以下	>50	25～50	>120
16 及以下	>80	70～120	>200

4）沿墙敷设墙头铁板安装高度应一致，转角的地方应在两个墙角各打一块铁板。

5）采用埋注固定的横担、支架及螺栓、拉环的埋注端应做出燕尾，埋注用高强度水泥砂浆。

2.3.4　接户线、户联线施工工艺及验收要求

（1）接户线、户联线及进表线应明敷，接户线架设后，在最大摆动时，应避开树木及其他建筑物等危险源。

（2）接户线与户联线施工放线时，应做外表检查：绝缘护套线不得有机械损伤、漏芯，无硬弯。放线时，严禁打卷扭折和其他损伤。紧线前，应使用兆欧表摇测每相对地之间的绝缘电阻。紧线时，每档接户线的弧垂应控制在 0.5～0.6m。

（3）两个电源引入的接户线严禁同杆架设。

（4）接户线、相邻建筑物之间的户联线的最大档距为 25m，档距大于 25m 或对地距离不能满足规定时应增设接户杆、户联杆，接户杆、户联杆应有命名、编号；用户建筑物间距大于 60m 时，此段线路宜按低压架空线路的要求设计安装。

（5）接户线、户联线禁止从 10kV 及以上电力线路的上方或其引下线之间穿越。

（6）接户线与主线连接，应采取并沟线夹连接，并应做一个向上弯曲的半圆（半径不小于 100mm）以防雨水侵入。

（7）不同规格、不同金属的接户线禁止在档距内连接，跨越通车道的接户线不应有接头。

（8）导线的连接、过渡应可靠，接头绝缘良好、无过热现象。如为铜铝连接必须采用铜铝过渡措施。

（9）交叉跨越、邻近距离应符合下列要求：

1）接户线和户联线的进户端对地面的垂直距离不宜小于2.5m。

2）接户线、户联线在最大弧垂时，对公路、街道和人行道的垂直距离不应小于下列数值：①公路路面，6m；②通车困难的街道、人行道，3.5m；③不通车的人行道、胡同，3m。

（10）分相架设的低压接户线、户联线与建筑物有关部分的距离不应小于下列数值：①与下方窗户的垂直距离，0.3m；②与上方阳台或窗户的垂直距离，0.8m；③与窗户或阳台的水平距离，0.75m；④与墙壁、构架的水平距离，0.05m（采用电缆沿墙面敷设时除外）。

（11）接户线、户联线与通信、广播等弱电线路交叉时，其垂直距离不应小于下列数值：①接户线、户联线在上方时，0.6m；②接户线、户联线在下方时，0.3m。如不能满足上述要求，应采取隔离措施。

（12）分相架设的低压绝缘接户线的线间最小距离见表2-13。

表2-13　　　　　　　分相架设的低压绝缘接户线的线间最小距离　　　　　　　单位：m

架设方式		档距	线间距离
接户线		25m及以下	0.15
户联线	水平排列	4m及以下	0.10
	垂直排列	6m及以下	0.15

（13）户联线其他装置要求。

1）户联线一般采用三相四线制，当集镇、中心村所接用户超过5户时应采用三相四线制供电；一般农村所接用户超过10户时应采用三相四线制供电。

2）户联线可采用垂直或水平布置方式。

3）户联线采用架空平行集束导线时，宜在适当位置增设分接箱，以方便检修。

4）单户用电容量在30kW及以上的不宜接在户联线上，可从低压主干线或分接箱中接入。

（14）户联线零线在进户处应有重复接地，接地可靠，接地电阻符合要求。

2.3.5　低压户联线实例

依据低压户联线施工工艺及验收标准，选取实际现场标准工艺及验收样例，如图2-18～图2-37所示。

图2-18　户联线沿墙直线敷设

图2-19　户联线沿墙敷设分支接线搭头

图 2-20 户联线沿墙敷设分支接线搭头

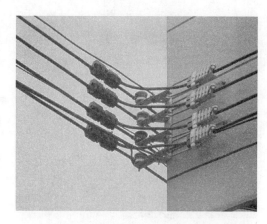

图 2-21 采用绝缘导线耐张线夹安装的
接户（户联）线（70mm² 及以上时）

图 2-22 户联线利用 PVC 管
保护过弯出线（耐张线夹固定）

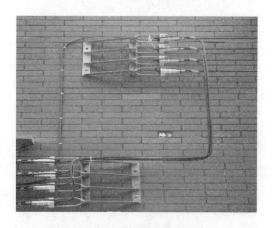

图 2-23 户联线墙面提升
转弯安装工艺

图 2-24 户联线墙角提升安装工艺

四线耐张支
架及沿墙敷
设从窗户下
方走线时用
PVC 管保

图 2-25 PVC 管保护安装工艺
（户联线沿墙敷设从窗户下方走线时）

图 2-26　PVC 管保护安装工艺
（户联线从窗户下方走线时）

图 2-27　户联线在窗户下面安装工艺

图 2-28　户联线直线敷设
（在窗户下面）安装

图 2-29　户联线终端绑扎安装工艺

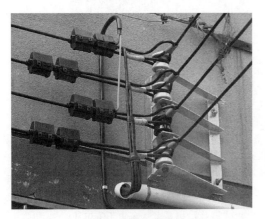

图 2-30　户联线转角瓷瓶绑扎安装工艺

图 2-31　户联线直线瓷瓶绑扎安装工艺

图 2 - 32　集束电缆分支出线安装工艺

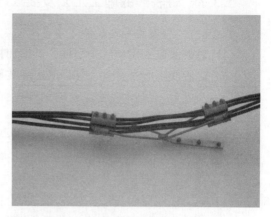

图 2 - 33　集束电缆沿墙体安装工艺

图 2 - 34　集束电缆沿墙体直线走线
安装工艺

图 2 - 35　集束电缆沿墙体转弯走线
安装工艺

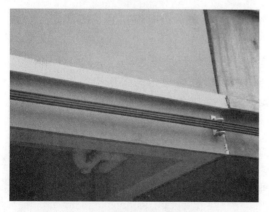

图 2 - 36　集束电缆直线瓷瓶绑扎工艺

图 2 - 37　集束电缆终端绑扎工艺

2.3.6 进表线的施工工艺及要求

2.3.6.1 进表线的安装施工工艺

（1）进表线应采用绝缘护套线，其截面按电线的容许载流量选择。

（2）进表线不应有接头，穿墙时应套装硬质绝缘管，电线在室外应做滴水弯，穿墙绝缘管应内高外低，露出墙壁部分的两端不应小于10mm；滴水弯最低点距地面小于2m时，进户线应加装绝缘护套。

（3）进户点应在接户线支持物或沿墙支持物的下方0.2m处，并使进户点与接户线的垂直距离在0.4m以内，进户点离地高度一般不低于2.6m。进户线路在进户点处应采用绝缘导线穿热浸锌钢管或PVC刚性绝缘导管进户。

（4）动力线和照明线禁止穿在同一根管内。

（5）城镇居民与商业等单位合用的综合楼，单位与城镇居民用电的进表线必须分别敷设。

（6）进表线采用分色标识相线和中性线或在中性线上做明显标志。

（7）户联线与进表线宜使用并沟线夹、穿刺线夹连接，线夹距导线支持点应大于150mm；螺栓穿向应从下向上穿并压紧，进户线压接导线出头应指向电源侧。

（8）进表线穿管前应做滴水弯头（半圆弧，半径不小于100mm），防止雨水进入管内。滴水弯直线长度不应大于150mm。

（9）接户线、户联线、进表线的端口及接头处的绝缘良好，接户线与主杆绝缘线连接应进行绝缘密封，以防雨水侵入线芯。户联线、接户线、进表线等低压接户装置的安装与固定均应考虑对建筑物的防水要求，采取必要措施以防雨水侵入建筑物或冲刷建筑物的表面。

（10）进表线与户联线搭接点（穿刺线夹）与支架水平距离不大于500mm。

（11）进表线保护管不应高于支架，进表线与出表线不得穿在同一根管内，在表箱出管100mm处应张贴即时贴。即时贴尺寸为15mm×100mm，绿底白字，黑体二号字，字间距2磅，字体居中，标明产权分界点。

（12）导线总截面不宜超过管子截面的40%，管子横向敷设时应在管子底部穿孔，便于散热、排水。

（13）进表线长度一般不超过20m，必须与弱电线路分开进户。

（14）进表线一般宜采用铝芯或铜芯电缆沿建筑物表面敷设，若采用绝缘电线时，应外套阻燃PVC管，一线一管，套管应连接可靠、紧密、固定牢固。沿墙敷设的进表线应固定牢固，尽量做到横平竖直。

2.3.6.2 进表线安装要求

（1）目前一般采用PVC刚性绝缘导管进户。进户点应安装在接户线支持物或沿墙支持物的下方0.2m处，并使进户点与户联线的垂直距离在0.4m以内，进户点离地高度一般不低于2.6m。

（2）进表线的PVC刚性绝缘导管和电表箱连接处采用下进线、下出线方式，即从电表箱底部进入，管口进入2~3cm。如因现场原因无法实现下进线的，从侧面进入。孔洞应采取封堵措施。

（3）进表线进户的管口应加装弯头，使管口向下。进户线应有足够的长度，在进户管口前应做滴水弯。根据进户管和墙头铁板的垂直距离，滴水弯的底部和进户管口的垂直距离应在 5～15cm。

（4）进表线和入户线的 PVC 刚性绝缘导管的安装应整齐美观，PVC 刚性绝缘导管的连接部位应使用 PVC 胶水粘连。用管卡均匀固定，每个转角部位必须钉管卡。

2.3.6.3 进表线的连接施工工艺

（1）进户线采用 BV 铜导线，不得使用软导线，中间不应有接头。应使导线的安全载流量大于装表容量，其截面应满足：城镇居民单相供电不小于 $10mm^2$，三相供电不小于 $6mm^2$；城镇低压客户应根据供用电合同约定的供电方式及用电容量配置导线。

（2）进表线的支持物应采用 PVC 刚性绝缘导管或热浸锌钢管从户外接至电能表处。其安装必须安全牢固可靠。进户线应有足够的长度，一端应能接到电能计量表接线盒内，另一端与接户线搭接后要有一定的弛度，沿线路应做滴水弯，进户线及中性线（N）、保护线（PE）的绝缘层应采用黄、绿、红、淡蓝色标等明显标志。

（3）进表线的连接施工要求：

1）$10mm^2$ 或 $16mm^2$（沿墙敷设的最后一户）的户联线可直接接入电能表或开关。

2）进户线和户联线连接时，不得 T 接到户联线上，必须先在蝴蝶瓷瓶上固定。$10mm^2$ 或 $16mm^2$ 的进表线可和接户线进行铰接，铰接长度是进户线直径的 10 倍。$25mm^2$ 以上进户线可使用接续金具，如异型并沟线夹，型号为 JBT－16－120/2。

3）如接户线是双并或四并集串导线，进表线和接户线连接时每相不得在同一位置，搭接位置每相相差 10～15cm。

2.3.6.4 表箱安装工艺

（1）一户一表照明表箱可根据安装地形及布线环境单独或集中装于户外。动力表箱可依据产权分界原则固定于墙壁或杆塔上，杆架式安装的动力表箱应采用单侧挑臂式镀锌角铁横担上下固定法，横担不小于∠5×50×50。

（2）电表箱安装位置应考虑方便运维人员抄表和日常维护工作，尽量避开夏天日光直射时间较长的方向。电表箱安装应牢固垂直，离地高度为 1.8～2.0m。防止外部异物插入或触及带电导体。

（3）电表箱内计量表后应装设有明显断开点的控制电器和过流保护装置。动力电表箱选用双门电表箱。在电表箱用户区内配置剩余电流动作保护器。

（4）计量表、电表箱应选择正确合理的线路产权分界位置安装，坚持"表计安装不出村"的选址原则，严禁跨台区安装。

（5）电表箱、表计安装及布线工艺应规范、美观，符合《低压电力技术规程》（DL/T 499—2001）要求。

（6）照明表箱及进出线电缆的安装工艺及布线应规范、美观。进表电缆与表箱之间滴水弯度保持 12～15cm 距离。

2.3.7 进户线安装工艺实例

依据进户线施工工艺及验收标准，选取实际现场标准工艺及验收样例，如图 2－38～

图 2-44 所示。

图 2-38　进表线电缆搭头滴水弯头
安装工艺

图 2-39　转角户联线分支进表线出线
安装工艺

图 2-40　直线户联线分支进表线出线
安装工艺

图 2-41　直线户联线 T 接两相进表线
出线安装工艺

图 2-42　终端两相进表线安装工艺

图 2-43　终端两相进表线（两户）安装工艺

图 2-44　终端两相进表线（三户）安装工艺

第3章 配变低压一体箱施工工艺及验收

3.1 配变低压一体箱施工工艺及验收

3.1.1 外观、结构及工艺

（1）箱体钢板的厚度不低于 1.5mm，箱体和机械组件应在正常使用条件下有足够的机械强度，在储运、安装、操作、检修时不应发生明显的变形。

（2）箱体表面应无紧固件可拆卸，箱锁应能防窃，低压配电单元室和低压无功功率补偿室门锁通用。

（3）箱体表面不得有划痕、裂纹、锤痕以及凹痕等缺陷。

（4）箱体必须有可靠的防雨水措施，其外壳防护等级不得低于 IP44。

（5）所有金属配件（包括把手、暗闩、支撑件、紧固件和锁等）均应防锈。

（6）箱门开闭应灵活，开启角度应不小于 90°。门板折边等处应该折死边。箱体采用前后开门操作及维护的形式。箱门背后应装设支撑板或加强措施。

（7）箱体的计量单元隔室应与其他单元的隔离空间完全隔离。计量单元隔室应安装联合接线盒，并预留防盗签封、计量 TA 及电能表的安装位置。

（8）电能表应固定安装在电能表夹具上，电能表与试验专用接线盒的安装要求如下：

1）电能表的安装高度距箱体底部应不低于 600mm。

2）电能表与试验专用接线盒之间的垂直间距应不小于 40mm。

3）试验专用接线盒与周围壳体结构件之间的间距应不小于 40mm。

（9）柜体的两部分，即带有低压配电单元隔室与计量单元或者配电监控终端的配电部分和低压无功功率补偿部分，可采用拼装的结构型式。配电部分的柜体既可以独立安装，也可与无功功率补偿部分的柜体拼装成一个整体。

（10）配电箱外壳应有防止触电的安全警示标志。

（11）进线由计量单元隔室底部或侧面引入，先穿过计量 TA 再接入进线开关。箱体的进出线孔要求折边处理或采取类似防止割伤进出线的措施。

（12）计量单元观察窗位置应使观察者便于观察，观察窗透视部分宜采用专用的、厚 4mm 的、无色透明的聚碳酸酯材料制成，其面积应满足抄表和监视的要求。观察窗边框采用铝合金型材或具有足够强度的工程塑料制成，要求美观、密封性能良好，并采用内部固定方式。

（13）铭牌安装在箱体正面，铭牌标志应牢固并耐腐蚀。

（14）箱门内侧应注明主接线图（图 3-1）、操作注意事项等。

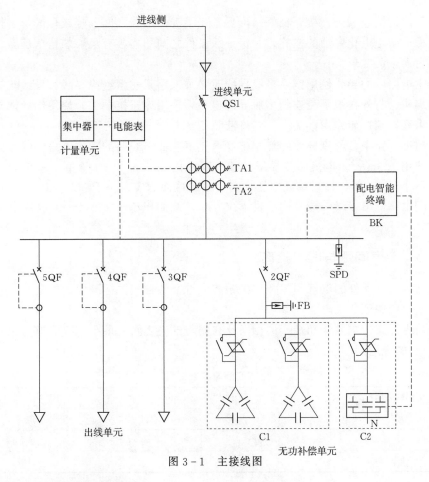

图 3-1 主接线图

3.1.2 母线和绝缘导线

（1）主电路母线和导线的容许连续负荷载流量应不小于该电路额定电流的 1.5 倍，中性线的载流量应不小于最大不平衡电流及流经其中的标准规定范围内的谐波电流。

（2）母线的材质、连线和布置方式以及绝缘支持件应满足配电箱的预期短路耐受电流的要求。

（3）母线和导线的颜色和标识应符合《人机界面标志标识的基本和安全规则　导体颜色或字母数字标识》（GB 7947—2010）的规定。配电箱内母线相序排列从正面观察，相序标识及排列一般应符合表 3-1 的规定。

表 3-1　　　　　　　　　　　　相 序 标 识 及 排 列

相　序	标　识	垂直排列	水平排列	前后排列
L1（A）相	L1 或黄色	上	左	远
L2（B）相	L2 或绿色	中	中	中
L3（B）相	L3 或红色	下	右	近
中性线	N	最下	最右	最近

（4）母线连接应紧固、接触良好、配置整齐美观，母线之间连接或母线与电气元件端子连接应采取防止电化腐蚀的措施，并保证载流件之间的连接有足够的持久压力，但不得使母线受力而永久变形。

（5）主电路中的导线使用铜质多股导线时必须采用阻燃型绝缘导线；导线接头必须采用冷压接端头，与外接端子相连的多股导线也必须采用冷压接端头，使用铝导体与铜导体连接时应采取铜铝过渡专用接头。

（6）辅助电路中，绝缘导线的额定绝缘电压不应低于线路的工作电压。电压回路导线的截面积选用 $1.5mm^2$，电流回路导线的截面积选用 $2.5mm^2$。计量单元电流回路导线的截面积应不小于 $4mm^2$，计量单元电压回路导线的截面积应不小于 $2.5mm^2$。

（7）配电箱进出接线一般采用下进下出方式，截面积小于 $120mm^2$ 的电缆也可采用侧进侧出方式。

3.1.3 电气间隙与爬电距离

配电箱内电气元件的电气间隙和爬电距离应符合各自相关标准中的规定，并且在正常使用条件下也应保证此距离。

配电箱内裸露带电导体和端子的相间及它们与外壳之间的最小电气间隙与爬电距离应符合表 3-2 的规定。

表 3-2　　　　　　　　　　　　电气间隙与爬电距离

额定绝缘电压 U_i/V	最小电气间隙/mm	最小爬电距离/mm
$U_i \leqslant 60$	5	5
$60 < U_i \leqslant 300$	8	10
$300 < U_i \leqslant 660$	10	14

3.1.4 保护电路

配电箱的保护电路可由单独装设的保护导体或可导电的结构部件或两者共同构成。它应能保证配电箱各裸露的导电部件之间以及他们与保护电路之间的连续性，其间的电阻不大于 0.1Ω。

利用配电箱的外壳作保护电路的部件时，其截面的导电能力至少应等效于表 3-3 中规定的最小截面积。

表 3-3　　　　　　　　相导线截面积及相应保护导体最小截面积

相导线截面积 S/mm²	相应保护导体最小截面积/mm²
$S \leqslant 16$	S
$16 < S \leqslant 35$	16
$35 < S$	$S/2$

3.1.5 主要电气元件

配电箱内安装的所有独立的电气元件及辅件，例如电容器、无功功率自动补偿控制器、绝缘支撑件等，应符合相关技术要求和相关元器件自身标准的规定。

3.1.5.1 低压配电单元模块

（1）剩余电流动作保护器和剩余电流断路器必须符合《剩余电流动作保护器（RCD）的一般要求》（GB 6829—2017）和《低压开关设备和控制设备 第2部分：断路器》（GB 14048.2—2008）的有关要求。断路器、隔离开关、熔断器、负荷开关必须满足《低压开关设备和控制设备 第2部分：断路器》（GB 14048.2—2008）的有关要求。

（2）在雷电频发地区每路出线均应配置氧化锌避雷器，在雷电不频发地区至少在进线回路加装氧化锌避雷器。

（3）运行参数监视表计采用多功能电子式仪表，应能测量电压、电流及功率等参数。

3.1.5.2 计量功能单元模块

计量功能单元必须满足《电子式电能表检定规程》（JJG 596—1999）和《静止式电能表订货技术条件》的技术性能要求。

3.1.5.3 计量电流互感器

配电箱中电流互感器额定一次电流 $I \approx I_N/1.2$（I_N 为低压断路器额定电流），额定一次电流的标准值为 10A、12.5A、15A、20A、25A、30A、40A、50A、60A、75A 以及它们十进位倍数。

3.1.5.4 电能表

（1）电能表的配置、规格及接线，应符合《多功能电能表》（DL/T 614—2007）、《电子式交流电能表检定规程》（JJG 596—2012）的规定，电能表的选型宜采用宽负载、长寿命的电能表。

（2）应具有电能计量、电压、电流显示等功能。

（3）应采用防窃电及防盗技术进行安装。

3.1.5.5 低压无功功率补偿单元

（1）低压无功功率补偿单元一般采用三相分组共补方式和单相分补方式，每组共补容量相同。补偿单元根据无功功率或无功电流的变化对电容器组按循环投切或程序投切进行自动控制和调整，并具备过压、过流、失压、断相、缺相及超温等保护及报警功能。

（2）对电容器的投切开关，其投切过程应满足合闸涌流要求：半导体电子开关和复合开关型产品的涌流应在电容器额定电流的 5 倍以下。接触器型的产品应限制在电容器额定电流的 20 倍以下。

（3）无功补偿控制器。

1）无功补偿控制器（以下简称控制器）必须符合国家相关标准并满足《低压无功补偿控制器使用技术条件》（DL/T 597—2017）。

2）控制器的平均无故障工作时间（MTBF）必须大于 4×10^4h。

3）在额定负载下，控制器的消耗功率必须小于 10VA。

4）控制器电压测量准确度为 1.0 级，电流测量准确度为 1.0 级。

5）电压和电流之间的相位角在 0°~60°及 −30°~0°范围内变化时，控制器无功功率及功率因数测量准确度应为 1.5 级。

6）当给输入回路施加高次谐波电压、电流时，控制器测量的电压、电流谐波畸变率相对误差值应小于10%。

7）以无功功率为控制物理量、目标功率因数为参考限量时，控制器的检测灵敏度应不大于50mA，动作相对误差不大于2%。

8）控制器每次接通电源必须进行自检并复归输出回路（使输出回路处在断开状态）。

（4）参数显示：

1）应具有相应运行及保护参数显示功能。

2）具有谐波超值保护及谐波监测功能的装置必须具有相应参数显示和调整功能。

（5）控制器与配电监控终端之间的通信接口为RS485。通信规约组帧格式遵循《多功能电能表通信协议》（DL/T 645—2007），通信波特率默认为1200bit/s，可以修改。

（6）控制器通过RS485接口从配电监控终端中读取运行数据进行判断，从而进行无功投切。控制器将投切累计次数、电容器组投切状态自动存储，主站召测时数据经监测终端发给主站。

（7）控制器向配电监控终端读取数据时间间隔宜为5～30s。

（8）补偿电容器选用自愈式低压电力电容器，要求免维护、无污染，并符合环保要求。

（9）自动控制投切采用无功功率或无功电流控制、电压限制原则，在长配电线路的末端电压偏低的场合也可采用按电压进行投切。其中：

1）当系统电压缺相、缺零时，切除全部电容器组。

2）当系统谐波大于谐波设定值时，逐级切除电容器组直至谐波不越限。

3）电容器组的投切不能产生震荡。

3.1.6 电气保护及告警功能要求

3.1.6.1 剩余电流动作保护
一体箱中应安装剩余电流动作保护器，作为家用剩余电流动作保护器及分支剩余电流动作保护器的后备保护，起到接地保护的作用。

3.1.6.2 短路及过流保护
一体箱中安装的断路器或刀熔开关实现短路及过载保护。

3.1.6.3 低压无功功率补偿单元保护
（1）应具有过压、欠压保护，使电容器组在过压、欠压等异常状况下退出运行。

（2）应具有断电自恢复功能。

（3）应具备高温闭锁功能，当配电箱中温度超过设定值时发出切除电容器组指令。

（4）具有低负荷禁投、缺相、断电、谐波等保护功能。

（5）投切单元内用微型断路器或熔断器对电容器组进行过流和短路保护。

3.1.7 配电低压一体箱实例

依据各地方电力公司的配电典型设计方案进行，如《浙江省电力公司配电典型设计》，选取实际现场标准工艺及验收样例，如图3-2、图3-3所示。

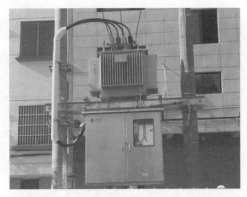

图 3-2　配电低压一体箱安装图　　　　图 3-3　配电低压一体箱低压总保出线图

3.2　低压配电柜施工工艺及验收

3.2.1　材料要求

（1）成套定型配电柜应根据设计要求的型号、规格选用合格产品，并有产品合格证。

（2）槽钢、镀锌扁钢不得有严重锈蚀和缺陷，且镀锌层不应脱落。

（3）镀锌材料有机螺丝、垫圈、弹筑垫圈；非镀锌材料有地脚螺栓、钢垫片。

（4）母线应根据设计要求截面积进行选择，应使用合格产品。

（5）其他材料有压线端子、塑料管、小线、塑料带、黑胶布、防锈漆、电焊条、电石、氧气、砂布、水泥、砂子、焊锡、焊剂等。

3.2.2　作业条件

（1）埋设基础槽钢或地脚螺栓时，须有地面的基准线。

（2）预埋件及预留孔洞符合设计要求，预埋件应牢固。

（3）必须在基础台、沟槽及地面抹灰完，顶棚、墙面喷完浆，门窗安装向外开门并符合防火要求后才容许进行配电柜的安装。

（4）配电室内的暖卫管线不得采用丝接和设置节门，连接处应采用焊接且不得有渗漏现象。

3.2.3　安装要求

（1）配电柜的布置必须遵循安全、可靠、实用和经济等原则并应注意便于操作、搬运维修、试验监测和接线工作的进行。

（2）配电室内除本室需用的管道以外，不应有其他的管道通过。室内的暖气管道上下不应有阀门和中间接头，管道与散热器的连接应采用焊接。

（3）成排布置的配电柜的长度超过 6m 时，柜后的通道应有两个通向本室或其他房间的出口，并应布置在通道的两端，当两出口之间的距离超过 15m 时，其间还应增加出口。

（4）当高压及低压柜需设在同一室内且两者中只要有一个柜顶有裸露的母线，两者之

65

间的净距就不应小于 2m。

（5）成排布置的配电柜，其柜前和柜后的通道最小宽度参见表 3-4 所列的数值。

表 3-4　　　　　　　　配电柜前和柜后的通道最小宽度　　　　　　单位：m

配电柜种类		单排布置			双排面对面布置			双排背对背布置			多排同相布置		
		柜前	柜后		柜前	柜后		柜前	柜后		柜前	前、后排柜距墙	
			维护	操作		维护	操作		维护	操作		维护	操作
固定式	不受限制时	1.5	1.0	1.2	2.0	1.0	1.2	1.5	1.5	2.0	2.0	1.5	1.0
固定式	受限制时	1.3	0.8	1.2	1.8	0.8	1.2	1.3	1.3	2.0	2.0	1.3	0.8
拍景式	不受限制时	1.8	1.0	1.2	2.3	1.0	1.2	1.8	1.8	2.0	2.3	1.8	1.0
拍景式	受限制时	1.6	0.8	1.2	2.0	0.8	1.2	1.6	0.8	2.0	2.0	1.6	0.8

注　1. 受限制时是指受到建筑平面的限制，通道内有柱等局部突出物的限制。
　　2. 控制柜、柜前和柜后的通道最小宽度可按标准规定执行或适当缩小。
　　3. 配电柜后操作通道是指需在柜后操作运行中的开关设备的通道。

3.2.4　安装前检查

（1）应首先查对配电柜的型号是否正确，配件是否齐全、规格是否符合设计要求，柜的排列顺序是否正确。

（2）柜体油酸层应完好无损，多台柜应颜色一致。

（3）柜内配线应无接头，导线绝缘耐压应在 500V 以上。应采用截面积不小于 1.5mm² 的铜芯导线，但差动保护电流回路导线截面积不应小于 2.5mm²。

（4）柜内配线应排列整齐，绑扎成束，但禁止采用金属材料进行绑扎。

（5）柜内二次配线应有编号，且字迹清晰，不易褪色。

（6）全部配线压头应紧密牢固，不损伤线芯，多股导线压头应使用压线端子，多股软铜线压接时应刷锡。

（7）配电柜所有开关应启闭灵活，接触紧密，并在下侧标明控制回路及容量。

（8）配电柜所使用的螺丝、垫圈等均应是镀锌件。基础槽钢件应刷好防锈漆及油漆。

（9）所有接线端子与电气设备连接时，均应加垫圈和防松弹簧垫圈。

3.2.5　安装方法

安装配电柜时，用滚杠、撬棍徐徐就位。安装多台柜时，应在沟上垫好脚手板，从一端开始，逐台就位，穿上螺栓拧牢。然后拉线找平直，高低差可用钢垫片垫于螺栓处找平，柜与柜间螺丝连接牢固，各柜连接紧密无明显缝隙，垂直误差不大于 1.5mm/m，水平误差不大于 1mm/m，但总误差不大于 5mm，柜面连接横平竖直。

3.2.6　安装后检查

3.2.6.1　主控项目

（1）配电柜及开关柜型号、规格、质量必须符合设计要求。配电柜的试验调整结果必须符合设计要求。

（2）低压绝缘部件完整。

（3）柜内设备的导电接触面与外部母线连接必须用 0.05×10mm 塞尺检查：线接触的应塞不进去；面接触的接触面宽 50mm 及其以下时，塞入深度不大于 4mm，接触面宽 60mm 时及其以上时，塞入深度不大于 6mm。

检查方法如下：

1）检查试验调整记录。

2）观察检查。

3）实测和检查安装记录。

3.2.6.2 拼柜检查

（1）配电柜与基础型钢间应连接紧密，固定牢固，接地（PE）或接零（PEN）可靠；柜间接缝平整。装有电器的可开启门，门和框架的接地端子间应用裸编织铜线连接且有标识。

（2）盘面标志盘、标志框齐全，正确清晰。柜体油漆完整、均匀，盘面清洁小车或抽屉互换性好。

（3）小车、抽屉式柜推拉灵活，无卡阻碰撞现象；接地触头接触紧密，调整正确。投入时接地触头比主触头先接触，退出时接触头比主触头后脱开。

（4）小车、抽屉式柜的动、静触头中心线调整一致，接触紧密，二次回路的切换头或机械，电气联锁装置的动作正确、可靠。

检查方法如下：

1）观察或操作检查。

2）低压成套配电柜、控制柜（屏、台）和动力、照明配电柜应有可靠的电击保护。柜内保护导体应有裸露的连接外部保护导体的端子，当设计无要求时，柜内保护导体最小截面积不应小于《建筑电气工程施工质量验收规范》（GB 50303—2015）的规定。

3）手车、抽出式成套配电柜推拉应灵活，无卡阻碰撞现象。动触头与静触头的中心线应一致，且触头接触紧密，投入时，接地触头先于主触头接触；退出时，接地触头后于主触头脱开。

4）低压成套配电柜交接试验，必须符合《建筑电气工程施工质量验收规范》（GB 50303—2015）的规定进行。

5）柜间线路的线间和线对地间绝缘电阻值：馈电线路必须大于 0.5MΩ；二次回路必须大于 1MΩ。

6）柜间二次回路交流工频耐压试验，当绝缘电阻值大于 10MΩ 时，用 2500V 兆欧表摇测 1min，应无闪络击穿现象；当绝缘电阻值为 1～10MΩ 时，做 1000V 交流工频耐压试验，时间 1min 应无闪络击穿现象。

7）直流屏试验，应将屏内电子器件从线路上退出，检测主回路线间和线对地间绝缘电阻值应大于 0.5MΩ，直流屏所附蓄电池组的充电、放电应符合产品技术文件要求；整流器的控制调整和输出特性试验应符合产品技术文件要求。

（5）柜内设备检查。

1）完整齐全，固定牢固，操作部分动作灵活、准确。

2）有两台电源柜的母线的相序排列一致，相对排列的柜的母线相序排列对称。母线色标均匀，完整准确。

3）二次接线准确、固定牢靠，导线与电器或端子排的连接紧密，回路编号标注清晰、齐全，采用标准端子编号时，每个端子螺丝上接线不超过两根，引入、引出线路整齐。

4）控制开关及保护装置的规格、型号符合设计要求。

5）闭锁装置动作准确、可靠。

6）主开关的辅助开关切换动作与主开关动作一致。

7）柜上的标识器件标明被控设备编号及名称或操作位置，接线端子有编号，且清晰、工整、不易脱色。

8）回路中的电子元件不应参加交流工频耐压试验；48V及以下回路可不做交流工频耐压试验。

9）发热元件应安装在散热良好的位置。

10）熔断器的熔体规格、自动开关的调整定值符合设计要求。

11）切换压板接触良好，相邻压板间有安全距离，切换时，不触及相邻的压板。

12）信号回路的信号灯、按钮、光字牌、电铃、电笛、事故电钟等动作和信号显示准确。

13）外壳需接地（PE）或接零（PEN）连接可靠。

14）端子排安装牢固，端子有序号，强电、弱电端子隔离布置，端子规格与芯线截面积大小适配。

检查方法：观察和试操作检查。

（6）柜、屏、台、箱、盘间配线。电流回路应采用额定压不低于750V、芯线截面积不小于2.5mm²的铜芯绝缘电线或电缆；除电子元件回路或类似回路外，其他回路的电线应采用额定电压不低于750V、芯线截面积不小于1.5mm²的铜芯绝缘电线或电缆。

二次回路连线应成束绑扎，不同电压等级、交流、直流线路及计算机控制线路应分别绑扎，且有标识；固定处不应妨碍手车开关或抽出式部件的拉出或推入。

（7）连接柜、屏、台、箱、盘面板上的电器及控制台、板等可动部位的电线。

1）采用多股铜芯软电线，敷设长度留有适当余量。

2）线束有外套塑料管等加强绝缘保护层。

3）与电器连接时，端部绞紧，且有不开口的终端端子或搪锡，不松散、断股。

4）可转动部位的两端用卡子固定。

检查方法：用拉线、尺量及塞尺检查。

3.2.7 成品保护

（1）安装配电柜时，应保持地面及墙面的清洁、完整。

（2）配电柜安装后，不得再次喷浆（漆），如必须修补时，应将柜体遮盖好。

（3）配电柜安装后，应将门窗关好、锁好，以防止设备损坏及丢失。

3.2.8 质量保证措施

（1）基础槽钢不平直，超过容许偏差，应拆下先进行调直后再进行安装。基础型钢顶部的不直度容许偏差 1mm/m，全长偏差 5mm；水平度容许偏差 1mm/m，全长偏差 5mm；不平行度全长偏差不超过 5mm。

柜安装后，垂直度容许偏差 1.5‰/m 柜顶平直度相邻两柜容许偏差 2mm，成排柜顶部容许偏差 5mm；柜面子相邻两柜盘面容许偏差 1mm，成排柜盘面容许偏差 5mm，柜接缝处容许偏差 2mm。

柜屏相互间或与基础钢间应用镀锌螺栓连接且防松零件齐全。

（2）配电柜安装的不直度超过容许偏差时，首先应检查基础槽钢或混凝土基础，如不超差时，应用吊线及尺子找准柜体的垂直度，调整到容许偏差范围内。

（3）多股导线压头若未使用压线端子，应及时补压线端子。

（4）柜内配线排列若不整齐、不美观，应按要求排列整齐。

（5）地线位置若不明显或截面积小于标准要求，接地线应改装在明显位置，截面积要根据有关标准选用。

（6）槽钢基础用电气焊切割应采用切割机械进行切割，不容许用电气焊切割槽钢。

（7）电流互感器配线小于 1.5mm² 铜导线，应采用 2.5mm² 的铜芯导线。

（8）母排相序颜色排列错误时应按要求调整相序。

（9）35mm² 以上导线端头不应采用开口端子压接，应改为套管端子压接。

（10）进线电缆若未按要求分清相色，应及时地按要求进行更改。

3.2.9　调试运行

配电柜安装完毕后再进行一次通电前的检查。先进行绝缘摇测并做好绝缘摇测记录，确认无误后按试运行程序逐一送电至用电设备，如实记录情况，发现问题及时解决，经试运行无误，办理竣工验收后交使用单位。

3.2.10　低压柜安装实例

依据各地方电力公司的配电典型设计方案进行，如《浙江省电力公司配电典型设计》，选取实际现场标准工艺及验收样例，如图 3-4～图 3-6 所示。

图 3-4　低压柜安装实例图

图 3-5 低压出线柜安装实例图（分路总保）

图 3-6 容器柜接线配置图

3.3 低压电缆分接箱施工工艺及验收

3.3.1 设计选型原则

根据实际供电情况设计供电方案，计算供电方案每支回路的负荷电流和短路电流。按满足以下条件选择出几种合适的设备产品，最后在电力设备市场上进行性能价格比筛选、定型。

（1）按正常工作条件要求选择。设备额定电压（频率）与供电网络电压（频率）相等；设备的进出回路的额定电流不应小于各回路的负荷计算电流；设备内安装的保护电器应有选择性。

（2）按短路工作条件选择。能满足在短路条件下短时耐受电流的要求；断开短路电流的保护电器，应满足在短路条件下的分断能力要求。

（3）按能长期适应安装地点环境条件的要求选择。尤其要注意：多尘环境、化工腐蚀环境、高原地区、热带地区和爆炸与火灾危险环境。

（4）按安装、操作和检修维护方便要求选择。

3.3.2 施工工艺

施工工艺流程如图 3-7 所示。

3.3.2.1 土建基础

（1）设备基础应符合图纸设计要求。

（2）设备基础应高于附近地坪，表面应平整、美观。

（3）基础周围回填土夯实，基础做里外防水处理，盖板齐全、合格。

（4）垂直接地体的间距不宜小于其长度的 2 倍；接地极、接地带的连接处应用电焊焊

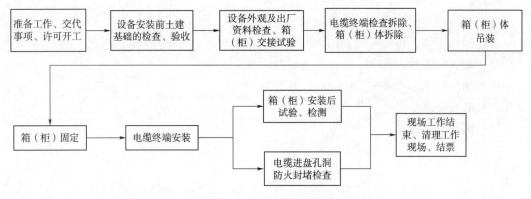

图 3-7 施工工艺流程图

牢，焊接时搭接长度不小于接地带宽度的 2 倍，且至少 3 个棱边焊接。

（5）接地体顶面埋深符合设计规定，接地体引出线的垂直部分和接地装置焊接部位做好防腐处理，地面接地扁钢刷黄绿标识油漆并符合要求（间隔 10cm）。

（6）接地系统须为闭合环型，接地网敷设完成后的土沟的回填土无石块和建筑垃圾；接地棒埋深不小于 0.6m，接地体至电压接地棒的距离不小于 20m，接地体至电流接地棒的距离不小于 40m。

（7）测量时，如遇指针摆动不定，说明接地棒与大地接触不良，可适当在接地棒四周夯实后再测量，接地电阻值应小于 4Ω。

3.3.2.2 设备外观

（1）箱（柜）体的内外表面应平整光洁且无锈、涂层脱落和磕碰损伤。

（2）所用涂料应符合技术要求，涂层应牢固、均匀，无明显的色差和反光。

（3）装置的铭牌、符号及标志要正确、清晰、齐全，安装位置应正确。

3.3.2.3 箱（柜）固定

（1）箱（柜）固定焊接时，应有隔离、防火措施。

（2）将设备与基础预埋铁焊牢，各部件螺丝紧固良好。

（3）基础与箱（柜）外壳焊接牢固（搭接长度不小于设计要求）。

（4）所有焊接处刷漆，做好防腐措施。

3.3.2.4 电缆搭接及孔洞封堵

（1）电缆头穿入，核相正确后搭接，搭接应牢固且接触良好；电缆穿入时，应采取防护措施，防止电缆损伤。

（2）电缆头符合设计要求，试验合格，外观无损伤，否则应重做终端。

（3）悬挂标示牌及相识标记，标示牌应正确、清晰。

（4）箱（柜）内采用宜采用厚度不小于 10mm 的防火隔板和柔性有机堵料组合进行封堵。柔性有机堵料包裹在电缆贯穿部位及隔板四周缝隙，高出隔板 10mm 左右，封堵应平整、美观。

（5）电缆防火封堵组件的耐火极限不应低于被贯穿物的耐火极限，且不应低于 1h。

3.3.2.5 机械传动、调试和操作

（1）机械传动时，应先手动缓慢操作。

（2）操作机构、传动装置及闭锁装置动作灵活可靠，位置指示正确。

（3）开关分、合闸正常，无拒动和误动现象。

（4）指示灯指示正常。

（5）断路器及隔离开关分合到位。

（6）所有手动操作不应小于5次。

3.3.3 验收

（1）所有电气设备应由运行单位、设计单位和施工安装单位共同参与验收。

（2）所有电气设备验收前施工单位应将以下资料报给运行单位：

1）工程开、竣工报告。

2）土建工程设计图、竣工图以及相关资料。

3）电气设备设计图、竣工图及安装记录、试验记录、接地电阻、各项参数、出线电缆路径资料等。

（3）运行单位在验收中发现工程实际情况与设计不符时，施工单位必须具备设计单位的设计变更通知书。

（4）验收分为中间验收和竣工验收，运行单位在验收中发现的缺陷和问题，要求施工单位应限期进行整改，整改完毕后应通知运行单位进行二次验收。暂时无法处理，且不影响安全运行的，经运行单位主管领导批准后方能投入运行。

（5）运行单位应加强隐蔽工程的验收，施工过程中应经常进行监督。

3.3.4 低压电缆分接箱安装实例

依据低压电缆分接箱施工工艺及验收标准，选取现场实际标准工艺及验收样例，如图3-8～图3-12所示。

（a）正面　　　　　　　　　　　　　　　（b）侧面

图3-8　落地式分接箱安装实例

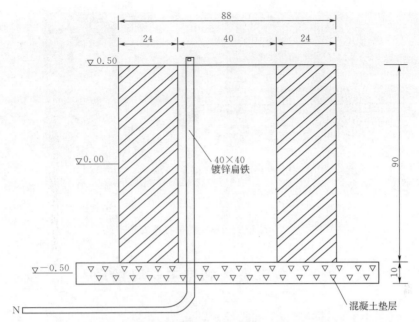

图 3-9　低压电缆分接箱基础图（单位：cm）

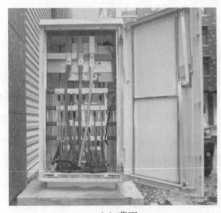

（a）背面

（b）正面

图 3-10　落地式低压电缆分接箱内部安装工艺

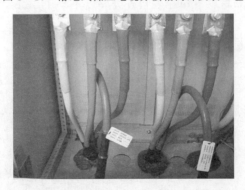

图 3-11　低压电缆分接箱底部安装工艺（挂牌、封堵）

(a) 单路出线　　　　　　　　　　　　　(b) 多路出线

图 3-12　墙壁式低压电缆分接箱安装工艺

3.4　电表表箱施工工艺及验收

3.4.1　表箱材料选用要求

表箱依照制造材料可分为金属表箱和非金属表箱。施工安装中在材料选择上保证其机械强度及安全性能等符合实际情况的要求。

3.4.1.1　金属表箱

金属表箱采用不锈钢板、镀锌钢板等材料。其中不锈钢板采用无磁性（304 材质）不锈钢，单相单表位表箱厚度不小于 1.2mm，其余表箱厚度不小于 1.5mm；镀锌钢板材料选用 Q235 及以上等级，镀锌层质量符合《金属覆盖层钢铁制件热浸镀锌层　技术要求及试验方法》（GB/T 13912—2002）要求，镀锌钢板单相单表位表箱厚度不小于 1.5mm，其余表箱厚度不小于 2.0mm。箱体外表面应有保护涂覆层。

3.4.1.2　非金属表箱

非金属表箱应采用环保绝缘材料，并具有阻燃、抗老化、耐腐蚀、耐高温和低温、抗冲击、抗紫外线（不变色、发黄）、耐受外力强等性能。表箱底座采用增强型 ABS 工程塑料，表箱盖采用 PC 优级品材料。单相表箱外壳厚度不小于 3mm，其余表箱外壳厚度不小于 3.5mm。

（1）阻燃 ABS（耐候耐高冲击型）材料。相对密度 $1.08 \sim 1.21 \text{g/cm}^2$，MFR（21.17MPa，200℃）$10 \sim 15 \text{g/10min}$，成型收缩率 $0.3 \sim 0.60d$，拉伸强度不小于 35MPa，伸长率 $35 \sim 450d$，弯曲强度不小于 65MPa，弯曲弹性模量不小于 2000MPa，缺口冲击强度不小于 $9.8 \sim 24.5 \text{kJ/m}^2$，热变形温度不小于 100℃，洛氏硬度 $90 \sim 95r$，着火危险试验（灼热丝可燃性）（650 ± 10）℃，氧指数不小于 $280d$，介电强度不小于 12kV/mm，介电常数 $50 \text{Hz}/4.2$、$106 \text{Hz}/3.8$，体积电阻率 $2.5 \times 10^{14} \Omega \cdot \text{cm}$，耐电弧性 98s。

（2）PC 材料。简支梁缺口冲击强度不小于 50kJ/m^2，拉伸强度不小于 60MPa，断裂伸长率不小于 85%，屈服弯曲强度不小于 95MPa，热变形温度不小于 130℃，体积电阻

系数不小于 $1.5×10^{15}\Omega\cdot cm$，介电系数 2.7～3.0，介电强度不小于 $16mV/m$。

3.4.2 表箱运行环境要求

（1）温度：-30～75℃。

（2）湿度：不大于 95％。

（3）污秽等级：不大于Ⅲ类污秽区。

（4）光照强度：不大于 $0.1W/cm^2$。

（5）风速：不大于 40m/s。

（6）耐受地震能力、烈度：8 度，水平加速度 0.15g。

（7）海拔高度：不大于 4000m。

（8）倾斜度：不大于 3°。

（9）适用范围：不锈钢板表箱、非金属表箱适用于户外或户内安装，镀锌钢板表箱宜用于户内安装。

3.4.3 表箱外观要求

（1）金属表箱箱体和紧固件的漆膜表面应平整均匀，无明显流痕起缝、透底漆、刷痕、擦伤及机械杂物且焊缝无夹渣、焊裂、焊穿，不容许有脱落、生锈、发霉等缺陷。

（2）非金属箱体表面平整光滑，色泽均匀一致，无明显色差，表面无气泡、裂痕、擦伤、毛刺及缩壁等缺陷。

（3）表箱箱体上喷涂国网标识及"×××供电公司表箱"字样，并标注 95598 服务电话。

（4）表箱铭牌至少应包括：厂家、制造年月、型号、出厂编号、资产编号、执行标准等。

3.4.4 表箱性能要求

3.4.4.1 金属表箱

（1）计量表箱防护等级应符合《外壳防护等级（IP 代码）》（GB/T 4208—2017）规定的 IP43 级要求。

（2）箱体内所有器件和金属紧固件均应具有防锈蚀功能。

（3）箱体和机械组件应具有足够的机械强度，在储运、安装操作时不应发生变形。

（4）箱体结构不应松动和变形，标准紧固件及零部件不应松动或脱落。

（5）箱体尺寸应符合图纸设计参数要求，箱体的高度、深度、宽度尺寸偏差不应超过 3mm，前后、左右侧面和底面对角线尺寸偏差的绝对值不应超过 3mm。

（6）使用寿命不低于 15 年。

3.4.4.2 非金属表箱

（1）绝缘强度：对地承受工频耐压（50±5）Hz，正弦波 3000V/min，不发生飞弧击穿现象。

（2）温度影响：从高温 100℃（4h）和低温－40℃（4h）条件下，恢复到 20℃的条件，表箱不变形、不开裂、不变色发黄。

（3）抗压性能：100kg重物（面积10cm×10cm）置于表箱窗口或任意位置3min，表箱不开裂、不损坏。

（4）抗冲击：电表箱在固定螺丝旋紧的条件下，从2m高度自由落体，箱体应完好。

（5）阻燃性能：ABS具有V-0阻燃性能，PC具有V-1阻燃性能。

（6）防雨淋：具有防雨淋性能。

（7）抗腐蚀：在0.5％盐酸溶液中泡4h或把1mL浓度3％的酸碱溶液滴在箱体表面1h，无明显被腐蚀现象。

（8）计量表箱防护等级同非金属。

（9）箱体尺寸应符合图纸设计参数要求，箱体的高度、深度、宽度尺寸偏差不应超过3mm。

（10）使用寿命不低于15年。

3.4.5　表箱一般要求

（1）表箱的设计、制作应符合《低压成套开关设备和控制设备　第3部：由一般人员操作的配电板（DBO）》（GB 7251.3—2017）的规定，必须取得国家强制性产品认证（3C认证），在箱体的正面有3C认证标志，表箱的验收和运行应符合《电能计量装置技术管理规程》（DL/T 448—2016）的要求。

（2）电能表室门宜采用全透明设计，否则每个表位须设立抄表视窗，以便于抄读电量与观察表计运行情况，观察窗应采用高强度的厚度不少于4mm的无色透明聚碳酸酯材料，禁止使用无机玻璃，视窗固定应无外露的螺钉。

（3）室外的表箱必须采取防雨措施，特别是表箱的顶部、外露的开关操作手柄处、预付费电能表插卡处等部位。箱体内进出线口、各室之间隔板穿线孔、天线孔处应设有软橡胶护套，门框配橡胶圈；箱体底部应设有排水孔，通孔应有可靠的防雨水、防小动物进入及外部异物插入触及带电导体的措施。

（4）表箱进线应有滴水弯，进、出线穿管口应在不同方向分别预留穿线孔，进出线口应装设电缆固定夹，以达到紧固效果。

（5）考虑到散热的需要，箱体要求有对流式通风口，通风口应采用栅格结构，并具备防水、防小动物功能。

（6）箱门应具备带通用锁的拉手，同时配备可装挂锁的挂锁耳，门锁应启闭灵活可靠；箱门的门合页必须由防锈金属转轴支撑；单表位表箱应有2个及以上的支撑点；4表位表箱及以上应有4个及以上的支撑点。

（7）表箱盖与底座采用门合页连接或内隐式扣槽卡口连接，能在不小于90°的角度灵活启闭。箱盖应具备防窃电功能，能满足铅封、塑封、挂锁等多种加封需求；箱盖在进线开关室、出线开关室处均设置翻盖，翻盖轴牢固可靠，翻盖口只露出开关操作手柄，能满足方便操作开关，人无法触及带电部位，进线开关室翻盖处采用铅封螺丝加封；箱体底座应设有安装元器件固定螺钉用的小槽口，能便于各元器件上下左右变位固定。

（8）表箱应在电能表室侧面上部预留有直径为15mm的天线圆孔；箱内配备便于电

能表安装的绝缘板或绝缘方及万能表架，挂表的绝缘材料应能使用螺丝，绝缘板可采用厚度不小于 8mm 的聚氯乙烯板，绝缘方采用环氧树酯（开槽），预配 φ5mm 挂表螺丝，安装可调节挂耳，配备挂耳螺丝、螺母，采用不锈钢或热镀锌螺丝、螺母；箱体安装紧固点应设在表箱内，防止人为移位。

（9）安装完毕后应对所有表箱进行详细检查，如接线是否正确、特别控制线的接线是否准确、接线是否紧密、各元器件是否完好无损、线路走向是否合理、标注是否正确、色标是否准确、接地是否良好齐全、箱内是否干净、各元器件间是否还有金属等残留物。

（10）单表位表箱内设置表前开关、表后开关；单相表箱设置单相两极开关，三相表箱设置三相四极开关并加装零线排。

（11）多表位单相电能表表箱内设置有保护跳闸功能的进线总开关，总开关的操作手柄外露，方便进行停送电操作（在电能表室门不被打开的情况下）。每个电能表位设置表前开关、表后开关，开关均选用单相两极开关。

（12）表箱进线总开关采用断路器，为便于维护和更换亦可采用板前接线的插拔式断路器，断路器应采用符合国家标准规定的定型优质产品；进线断路器按照电能计量箱内实际表计位数和每户用电容量计算、选配；负荷同时系数应不小于《国家电网公司输变电工程通用设计－220V 电能计量装置分册》中的规定。

3.4.6 表箱固定要求

（1）表箱应安装牢固可靠，表箱底部离地高度应满足：嵌入式安装时不小于 1.4m，悬挂式不小于 1.8m，杆塔式不小于 2.0m。

（2）计量表安装必须垂直牢固，计量表的中心线向各方向的倾斜不大于 1°；相邻电能表距离应保证其垂直中心距离应不小于 250mm，水平中心距离应不小于 150mm 或侧面水平距离应不小于 30mm；电能表外侧距离箱壁不小于 60mm；箱内必须设置挂表孔，保证其纵向、横向可移动距离不小于 50mm 的标准。

（3）低压互感器之间的间距不小于 80mm。

（4）多路出线开关采取整体固定措施，接线螺丝不得外露，开关两侧与箱门开槽处边缘距离不得大于 2mm。

3.4.7 表箱接线要求

（1）安装接线必须严格执行《电能计量装置安装接线规则》（DL/T 825—2002）的要求。

（2）表箱内均采用线槽布线，强电与弱电使用的线槽必须分开，布线设计合理、工艺美观大方。

（3）表箱内的导线应采用铜质导线，线芯无损伤，不应有接头，导线截面积满足要求，按照垂直或水平的规律布置整齐，不得任意歪斜交叉连接，备用芯线长度应留有适当的余量；用螺丝连接时，弯线方向应与螺丝旋紧的方向一致，并应加垫圈。

（4）导线应分相色（A、B、C、N 相导线分别采用黄、绿、红、黑色，PE 接地线为黄绿双色导线），线槽内还应布置各个电能表的 RS485 通信线，并预留足够的余量。

（5）接入终端及电能表的 RS485 通信线应采用直径 $1mm^2$ 的分色屏蔽双绞线，且必须用线针端子压接之后接入，接入后应做好导线并接头处的绝缘措施。

（6）为保证安装质量，表箱的电缆进线与出线须配备压接的铜接线端子（或铜铝接线端子）。与电能表、开关连接的多芯导线必须搪锡，并拧紧全部螺丝，保证接触良好；电能表、开关接线处导线无外露导电部分。

（7）穿越箱体的导线必须套保护绝缘套，进、出线不得串、并联，到户零线必须经过电能表。

（8）各电能表中性线应分表安装，不得共用。

3.4.8 表箱接地要求

（1）金属表箱外壳应可靠接地，非金属表箱内须预留 PE 端子，便于箱体与接地网可靠连接。

（2）单相表表箱箱体接电线截面积不小于 $16mm^2$，箱门接地线截面积不小于 $2.5mm^2$，与接地线直接连接。

（3）三相表表箱内应设专门的接地母排，以保证可靠接地，并根据现场实际负荷选配零线和地线。地线应采用截面积不小于 $25mm^2$ 的铜质黄绿双色绝缘线，并从箱体内部伸向外部，在末端设有接线鼻子。

3.4.9 表箱保护要求

（1）表箱应设置分级保护，满足选择性、灵敏性要求。塑壳断路器应符合《低压开关设备和控制设备 第 2 部分：断路器》（GB/T 14048.2—2008）标准要求；单相断路器应符合《电气附件——家用及类似场所用过电流保护断路器 第 1 部分：用于交流的断路器》（GB 10963.1—2005）标准要求。箱内电器元件应按国家有关规定通过强制认证（3C 认证）。

（2）三相表箱表后断路器选用与智能电能表配套的专用延时分励脱扣断路器，并与智能电能表建立序号联系，当电能表发出控制信号或当信号联系失效时，断路器自动切断电路。断路器的操作手柄外露，方便进行停送电操作（在电能表室门不被打开的情况下）。

3.4.10 表箱验收

（1）目测各进、出线（火线和零线）以及主线的顺序（黄、绿、红）和是否接错位置，检查电表接线层顺序。主线的线顺序（颜色顺序）按黄、绿、红的顺序，如未按要求接线则视为不合格，是否有未用而多开出来的过线孔，检验（开关、电能表、接线盒）接线顺序有安装号码管的必须要相互对应，各路线接线以电表接线图为依据，未按接线图进行接线的应该检查其原因，接线正确即为合格。

（2）检查各接线端子所接电线是否出现漏铜现象，以平视接线端子底部铜线未出现裸露在外、裸露在外的部分为绝缘层包裹视为合格。

（3）电能表（包括接线端子）、断路器（开关）以及接线盒固定螺丝是否拧紧，检查各线路固定螺丝（RS485 电表的 RS485 数据线是否接好，螺丝是否拧紧）、接线盒电线固定螺丝（包括主线固定螺丝）、断路器固定螺丝等是否拧紧，如螺丝出现松动则为不合格，使用万用表测试接线盒与电表、接线盒与断路器、电表与电表间的线路，RS485 线是否出现短路等现象，检测依据万用表使用方法判定是否合格。

（4）主线接线鼻子压接位置朝向是否正确，铜鼻子压接出来的凹面统一朝外即为合格。

（5）接线盒（火线和零线）、总断路器（总开关）相标签和地线标签的是否贴好，铜、铝鼻子是否配齐，如缺少则视为不合格，铜、铝鼻子固定螺丝以固定铜、铝鼻子不晃动即可，不必拧到无法转动。

（6）测试断路器是否能正常闭合，断路器能顺畅闭合则判定为合格。

（7）检查固定电线的扎带是否都已清除过长的部分，扎带预留长度为 3～4mm。

（8）进行初步清洁（电能表上遗留下来的线头、扎带头等杂物），电能表固定板、接线盒固定板、断路器固定板上无杂物，电能表上无杂物，即为合格。

（9）接通电能源测试电能表工作情况（卡表需输入电压电流用测试卡输入电量，如卡表能正常工作，则视为合格，并用复位卡清零，确保卡表内原始数据为零），其他电子表则在测试时只加入电压即可（只加电压则可在保持表内原始数据为零的基础上进行电能表运行情况测试）。

（10）对已检验完的表箱内的电能表打上封铅，铅封丝预留不能过长，应在 1cm 以内，铅封豆应压扁，以确保铅封丝不会脱落，即为合格。

（11）清除电能表窗口的薄膜保护层，除必要保留的薄膜保护层外，其他的必须清除干净，如有遗留则视为不合格。

（12）进行全面表箱内部清洁箱内无残留的线头、铁屑、扎带头等杂物视为合格。

（13）锁上箱门，检查箱子是否都配备上了钥匙，箱门能正常关闭，钥匙及铅封螺丝配备齐全则视为合格。

（14）是否有过线孔未接线却已先开孔，如未出货则已开孔视为不合格。

（15）外部清洁，箱体无灰尘、刮伤及其他杂物视为合格。

3.4.11 表箱安装实例

依据电能表箱施工工艺及验收标准，选取实际现场标准工艺及验收样例，如图 3-13～图 3-15 所示。

图 3-13 杆上式动力表箱安装

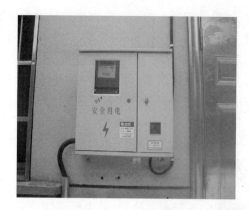

图 3-14 墙壁式动力表箱安装实物

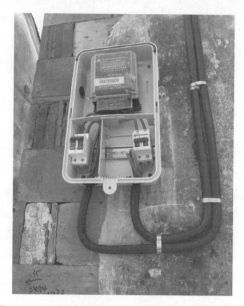

图 3-15 表箱内接线照片（进线搭接处预留余线）

第4章 防雷设施工艺及验收

4.1 防雷设施施工工艺及验收

4.1.1 避雷器的外观检查

避雷器安装前应从以下方面进行外观检查：

(1) 避雷器额定电压与线路电压是否相同，试验是否合格，有无试验合格证。

(2) 瓷件表面有无裂纹、破损、脱釉和闪络痕迹，胶合及密封情况是否良好。

(3) 向不同方向轻轻摇动，避雷器内部应无响声。

4.1.2 避雷器的安装要求

(1) 避雷器应尽量靠近被保护设备，一般不宜大于 5m。

(2) 避雷器上下引线不应过紧或过松，铜线截面不应小于 $16mm^2$ 或 $4mm^2$（380/320V）。

(3) 避雷器的引线与导线连接要牢固、紧密，接头长度不应小于 100mm 或 50mm（380/220kV）。3～10kV 避雷器引线要用两块垫片压在接线螺栓的中间，且要压紧，在接线时不要用力过猛。

(4) 避雷器必须垂直安装，倾斜角不应大于 15°。排列要整齐，相距不小于 0.35m。避雷器底座对地面距离不应小于 2.5m。

(5) 避雷器与接地装置相连接的接地引下线应短而直，不要迂回弯曲。

4.2 接地装置施工工艺及验收

4.2.1 装置要求

(1) 充分利用并严格选择自然接地体，需特别重视使用的安全性及具有良好的接地电阻。利用自然接地体时，必须在它们的接头处另行跨接导线，使其成为具有良好导电性能的连续性导体，以获得合格的接地电阻值。

(2) 凡直流回路均不能利用自然接地体作为电流回路的零线、接地线或接地体。直流回路专用的中性线、接地体及接地线也不能与自然接地相接。因为直流的电介作用，容易使地下建筑物和金属管道等受侵蚀而损坏，应注意避免。

(3) 人工接地体的布置应使接地体附近的电位分布尽可能均匀。如可布置成环形等，以减少接触电压和跨步电压。由于接地短路时接地体附近会出现较高的分布电压，危及人身安全，有时需挖开地面检修接地装置。故人工接地体不宜埋设在车间内，应离建筑物及其入口和人行道 3m 以上。不足 3m 时，要铺设砾石或沥青路面，以减小接触电压和跨步电压。此外，埋设地点还应避开烟道或其他热源处，以免土壤干燥，电阻率增高；应避开埋设在垃圾、灰渣及对接地体有腐蚀的土壤中。

4.2.2 电阻值要求

（1）低压电力网中，电力装置的接地电阻不宜超过 4Ω。

（2）由单台容量为 100kVA 的变压器供电的低压电力网中，电力装置的接地电阻不宜大于 10Ω。

（3）使用同一接地装置并联运行的变压器且总容量不超过 100kVA 的低压电力网中，电力装置的接地电阻不宜超过 10Ω。

（4）在土壤电阻率高的地区，要达到以上接地电阻值有困难时，低压电力设备的接地电阻允许提高到 30Ω。

4.2.3 敷设要求

（1）为减少相邻接地体的屏蔽作用，垂直接地体的间距不宜小于其长度的两倍，水平接地体的间距不宜小于 5m。

（2）接地体与建筑物的距离不宜小于 1.5m。

（3）围绕屋外配电装置、屋内配电装置、主控制楼、主厂房及其他需要装设接地网的建筑物，敷设环形接地网。

4.2.4 工艺及验收要求

（1）低压系统中避雷器的接地线宜采用多股导线，可选用铜芯绝缘电线，接地线截面积不应小于 $25mm^2$，也可用扁钢、圆钢，截面积不小于 $16mm^2$；接地干线则通常用扁钢或圆钢，扁钢截面积不小于 $4mm×12mm$，圆钢直径不小于 6mm。

（2）配电变压器低压侧中性点的接地支线要采用铜芯线，其截面积不应该小于 $35mm^2$；变压器容量在 100kVA 以下时，接地支线的截面积可采用 $25mm^2$。

4.3 构 筑 物 及 基 础

4.3.1 配电站（低压室）验收

4.3.1.1 建筑主体

（1）现场检查建筑主体位置符合图纸设计、规划审批，标高、检修通道应符合配电土建设计要求。

（2）电力设施建筑物的混凝土结构抗震等级应根据设防烈度、结构类型和框架、抗震墙高度确定，并按规范要求执行。地面及楼面的承载力应满足电气设备动、静荷载的要求。

（3）地面平整，墙体、顶面无开裂、无渗漏。

（4）室内标高不得低于所处地理位置居民楼一楼的室内标高，室内外地坪高差应大于0.35m。户外时基础应高出路面0.2m，基础应采用整体浇筑，内外做防水处理。位于负一层时设备基础应抬高1m以上。

（5）室内应留有检修通道及设备运输通道，并保证通道畅通，满足最大体积电气设备的运输要求。

（6）建筑物应满足防风雪、防汛、防火、防小动物、通风良好（四防一通）的要求，并应装设门禁措施。

4.3.1.2　门窗安装

（1）门窗安装位置应符合设计要求。

（2）配电室门窗应满足防火防盗的要求。

（3）门窗框应可靠接地，且接地点不少于两处。

（4）配电室外开大门上应标示警示警告标识，门上或一侧外墙上标示配电室名称。

（5）配电室应有两个以上的出入口，设备进出的大门为双开门，高应大于2.5m，宽应大于2.3m。门体材料应选用防火材质。

（6）门窗扇应向外开启，相邻房间门的开启方向应由高压向0.4kV开启。

（7）0.4kV配电室应设能开启的自然采光窗并配纱窗，窗户下沿距室外地面高度不应小于1.8m，窗户外侧应装有防盗栅栏，临街的一面不宜开窗。

（8）装有自然通风的百叶窗，百叶窗覆盖面应大于2∶1，窗体外侧或内侧应装有防止小动物进入的不锈钢菱形网，网孔不大于5mm。

（9）所有门窗应采用非燃烧材料。

4.3.1.3　管沟预埋

（1）所有预埋件均按设计埋设并符合要求。

（2）预埋件应采用有效的焊接固定。预埋件焊接完成后，应进行焊渣清理，并检查焊缝质量。

（3）预埋件外露部分及镀锌材料的焊接部分应及时做好防腐措施。

（4）电缆沟（夹层）盖板齐全、平整。电缆沟（夹层）入孔下应设集水坑，地下、半地下站室应安装自启动排水装置，排水管路应与站内生活排水管路分离，直接接入市政排水设施。

（5）所有电缆沟（夹层）的出（入）口处应预埋电缆管。

（6）电缆敷设完毕后需对所有管孔进行封堵，应选用柔性封堵材料（如橡胶法兰等），封堵位置为站内出站预埋电缆管及站外首井进站预埋电缆管侧。

4.3.1.4　防水防潮

（1）配电室屋顶应采取完善的防水措施，电缆进入地下应设置过渡井（沟）或采取有效的防水措施，并设置完善的排水系统。

（2）地下电缆夹层防水等级Ⅱ级，所有进入建筑物的管道、埋管穿墙处均做止水钢板或其他可靠止水措施，电缆敷设完毕后，管口防水封堵。

（3）设备层顶板防水级别为Ⅰ级。

（4）屋顶宜为坡顶，防水级别为Ⅰ级，墙体无渗漏，防水试验合格。屋面排水坡度不应小于15°，无组织排水。

（5）当配电室设置在地下层时，宜设置除湿机，需设置集水井，井内设2台自动控制潜水泵，其中1台为备用。

（6）设计为无屋檐的配电室应加装防雨罩。

（7）地下站室出入口宜加装止水台，止水台高度不低于300mm。

4.3.1.5 消防

（1）配电室内耐火等级不应低于Ⅱ级。

（2）应配备国家消防标准要求中规定的相应数量的灭火设备。手提式灭火器安装在配电室入口处显眼位置，应定点放置，并挂标示牌。

（3）配电室与建筑物外电缆沟的预留洞口，应采取安装防火隔板等必要的防火隔离措施。

4.3.1.6 通风装置

（1）通风一般采用自然通风，通风应完全满足设备散热的要求，同时应安装事故排风装置。室内装有六氟化硫（SF$_6$）设备，应设置双排风口，排风管道不得与设备间相通。低位应加装强制通风装置，风机中心距室内地坪300mm。

（2）通风机外形应与配电室的环境相协调，采用耐腐蚀材料制造，噪声满足标准。通风机停止运行时，其朝外一面的百叶窗可自动关闭。

（3）通风设施等通道应采取防止雨、雪及小动物进入室内的措施。

（4）风机的吸入口应加装保护网或其他安全装置，保护网孔为10mm×10mm。通风管道进出风口应朝向地面。

（5）配电室位于地下层时，其专用通风管道应采用阻燃材料。环境污秽地区应加装空气过滤器。

4.3.1.7 室内照明

（1）电气照明应采用高亮度、长寿命的工业级泛光灯，安装牢固，光照亮度应满足于使用要求。

（2）在室内配电装置室及室内主要通道等处，应设置供电时间不小于1h的应急照明。

（3）灯具、配电箱全部安装完毕，应通电试运行。通电后应仔细检查开关与灯具控制顺序是否相对应，电器元件是否正常。

（4）照明灯具不应设置在配电装置的正上方。

（5）配电室动力照明总开关应设置双电源切换装置。

（6）电缆夹层照明灯具采用防潮、防爆型，由220V/3V安全变压器供电。

4.3.1.8 安全设施

（1）配电室应配备专用安全工器具柜，存放备品备件、安全工具以及运行维护物品等。

（2）配电室出入口应加装防小动物挡板，其规格型号应符合设计要求。

4.3.2 配电设备基础

4.3.2.1 测量定位

（1）按设计图纸校核现场地形，确定设备基础中心桩。

（2）基础底板应按照设计的尺寸和坑深，考虑不同土质的边坡与操作宽度，对基坑进行地面放样（一般用白粉画线，并沿白粉线挖深约100~150mm）。

4.3.2.2 基础开挖

（1）检查设备基础坑：

1）中心桩、控制桩是否完好。

2）基坑坑口的几何尺寸符合标准。

3）核对地表土质、水情，并判断地下水位状态和相关管线走向。

（2）按设计施工要求，先降低基面后，再进行基坑的开挖，对于降基量较小的，可与基坑开挖同时完成。

（3）每开挖1m左右即应检查边坡的斜度，随时纠正偏差。设备基坑深度容许偏差为−50~100mm；同一基坑深度应在容许偏差范围内，并进行基础操平。岩石基坑不容许有负误差。实际坑深偏差超深100mm以上时，应采取现浇基础坑，其超深部分应采用铺石灌浆处理，同时夯实平整基坑底面。

（4）开挖时，应尽量做到坑底平整。基坑挖好后，应及时进行下道工序的施工。如不能立即进行，应预留150~300mm的土层，在铺石灌浆时或基础施工前再进行开挖。

（5）箱式变压器基础高出地面一般为300~500mm，电缆井深度应大于1900mm。

4.3.2.3 基础砌筑

（1）施工中排除积水、清除淤泥、疏干坑底。

（2）砖、钢筋、水泥、掺合料应符合设计要求，有出厂合格证书。

（3）基础砌筑前应复测，确定方向后按设计要求进行砌筑。

（4）井口圈梁模板应用托架稳固、模板应平直，支撑合理、稳固，便于拆卸。

（5）砖砌筑时应做好吊垂直工作。

（6）砖砌体时，对砌砖应提前1~2天浇水湿润，对普通砖应使其含水率达到10%~15%；对灰砂砖、粉煤灰砖应使其含水率达到5%~8%。

（7）拆模养护时，非承重构件的混凝土强度达到1.2MPa且构件不缺棱掉角，方可拆除模板。

（8）混凝土外露表面不应脱水，对普通硅酸盐和矿渣硅酸盐水泥拌制的混凝土浇水养护不得少于7天；有添加剂的混凝土养护不得少于14天。

（9）抹灰工程施工环境温度不宜低于5℃，在低于5℃的气温下施工时，应有保证质量的有效措施。

4.3.2.4 基础浇筑

（1）施工中应排除积水、清除淤泥、疏干坑底。

（2）现浇基础几何尺寸准确，棱角顺直，回填土分层夯实并留有防沉层。

（3）灌注桩基础宜使用商品混凝土，桩基检测报告内容详尽。

（4）浇筑混凝土应采用机械搅拌，机械振捣，混凝土振捣宜采用插入式振捣器。

（5）浇筑后，应在12h内开始浇水养护；对普通硅酸盐和矿渣硅酸盐水泥拌制的混凝土浇水养护不得少于7天；有添加剂的混凝土养护不得少于14天。

（6）拆模养护时，非承重构件的混凝土强度达到1.2MPa且构件不缺棱掉角，方可拆除模板。

（7）日平均温度低于5℃时，不得浇水养护。在低于5℃的气温下施工时，应有保证质量的有效措施。铁件预埋应先预埋锚固钢筋，再焊上固定槽钢框。箱、柜基础预留铁件水平误差小于1mm/m，全长水平误差小于5mm；不直度误差小于1mm/m，全长不直度误差小于5mm；位置误差及不平行度全长小于5mm，切口应无卷边、毛刺。焊口应饱满，无虚焊现象。电缆固定支架高低偏差不大于5mm，支架应焊接牢固，无明显变形。

4.3.2.5　防腐处理

预埋铁件及支架刷防锈漆，涂漆前应将焊接药皮去除干净，漆层涂刷均匀，无露点，对于电缆固定支架焊接处应进行面漆补刷。位于湿热、盐雾以及有化学腐蚀地区时，应根据设计做特殊的防腐处理。

4.3.2.6　验收

（1）构筑物交接验收内容和要求：

1）构筑物及外壳本体检查。

2）构筑物及外壳要符合设计技术和设备运行技术要求规范。

3）对构筑物及外壳的耐火等级要求符合《建筑设计防火规范》（GB 50016—2014）的相关规定。

（2）对构筑物及外壳安装工艺质量检查要求：

1）构筑物及外壳的顶棚不得有漏水和裂纹痕迹，内墙面应刷白，环境清洁。内、外墙面不得有脱落、锈蚀、漏水痕迹等现象。配电室的顶棚不得有脱落或掉灰的现象。

2）地（楼）面采用高标号水泥抹面压光，防止地面起灰。保持室内清洁，以利于电气设备的安全运行。

3）构筑物及外壳应设有防止雨、雪飘入室内的措施。构筑物周边设置排水沟或集水坑，或采取其他有效措施，以便将沟内积水排走，防止设备受潮造成事故。

4）高、低压室的构筑物应开窗，临街一面不宜开窗。

5）构筑物及外壳应有防止小动物进入的措施。

6）构筑物及外壳应设置防雷接地，接地电阻值符合设计要求或设备运行要求。

7）构筑物内应设置良好通风装置，并采取防尘措施。

（3）构筑物隐蔽工程验收。对构筑物隐蔽工程的验收应当在基建施工完成后由施工单位单独提出申请，验收方和监理方进行验收合格后方可进行后续施工。

（4）配电室基础验收。

1）新改造配电室可独立设置或设置在建筑物内，应统筹规划、合理预留配电设施安装位置。在公共建筑楼内改造的配电室，应采取防噪声、防建筑共振、防电磁干扰等措施，应结合建筑物综合考虑通风、散热和消防等措施。

2）室内配电室如受条件所限，可设置在地下一层，但不得设置在最底层。不宜设在卫生间、浴室等经常积水场所的下方或贴邻，各种管道不得从配电室内穿过。

3）配电室设在地下室时须采取严格的防渗漏、防潮等措施，配备必要的排水、风、消防设施，同时应选用满足地下环境要求的全工况电气设备。

4）独立配电室的标高应高于洪水和暴雨的排水，屋顶宜采用坡顶形式，屋顶排水坡度不应小于 1/50，并有组织排水。屋面不宜设置女儿墙。

5）配电室应合理考虑通风散热方式及装置选型，门窗应密合，与室外相通的孔洞应封堵。防止雨、雪、小动物、尘埃等进入室内。门窗应采取必要的防盗措施。楼宇内配电设施的通风应与楼宇通风同步考虑，必要时宜设置除湿装置。当使用 SF_6 气体绝缘设备时，宜装设低位排气装置。

6）电缆密集场所可以设置专门的排水泵和集水井，防止积水。

7）核对基础埋件及预留孔洞应符合设计要求。

8）室外配电装置的场地应平整。

9）通风、事故照明及消防装置应符合要求。

4.3.2.7 配电站实例

依据配电站验收标准，选取实际现场标准验收样例，如图 4-1～图 4-5 所示。

图 4-1 配电站外观

图 4-2 配电站低压室内部整体

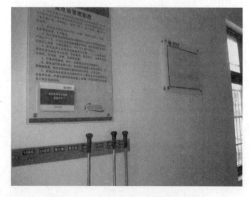

图 4-3 配电站低压室制度板

图 4-4 配电站低压室灭火器

图 4-5 配电站电缆层

4.3.3 电缆通道及电缆井

（1）电缆线路应按《电力设施保护条例》的有关规定，在地面标桩两侧各 0.75m 所形成的两平行线内做好防护工作。挖土频繁地段的电缆线路应设有明显的警告标志。

（2）电缆穿越道路、建筑物或引出地面（高度在 2.0m 以下）部分应有防护管保护。

（3）有可能使电缆受到机械性损伤、化学腐蚀、杂散电流腐蚀、白蚁或虫鼠等危害的地段，应采取相应的外护套或适当的保护措施。

（4）通过桥梁、钢缆敷设的电缆，固定点两端不得拖拉过紧，固定夹具、保护附件应无脱落、锈蚀。

（5）电缆沟及隧道内的电缆排列有序，通风、排水、照明、防火等设施齐全完好。

（6）临岸两侧的水底电缆无受水流冲刷现象，临岸两侧的警告牌应完好，瞭望需清楚。

（7）出入电缆沟、隧道、竖井、建筑物、盘（柜）、管子的电缆，其出入口的防火、防水封闭应良好。

（8）电缆相互之间容许最小间距以及电缆与其他管线、构筑物基础等最小容许间距应符合相关规定。

4.3.3.1 非开挖电缆管道

非开挖电缆管道应采用圆形单孔管材，管材间的连接采用热熔焊，管材内壁应光滑，无凸起的毛刺。每次拉管数量根据实际机械的能力及回扩孔大小确定，拉管数量根据工程需要进行选择，并根据电网远景规划实际预留。

施工工艺及要求如下：

（1）应选取正确合理的入钻点和出钻点。

（2）导向孔施工应按设计的钻孔轨迹进行导向施工，并做好记录。

（3）入钻点宜设在行人车辆稀少且具有足够空间摆放设备处，出钻点则宜设置在能够摆放管材、方便拖管的另一端。

（4）热熔对接时，管材两端面刨平，用加热板加热，使塑管端面熔化，完成管道连接。

4.3.3.2 电缆排管

电缆排管的内径按不小于 1.5 倍的电缆外径的规定来选择，排管应成直线承插良好并密封，埋管深度不应小于 700mm。电缆与管道、地下设施、城市道路、公路平行交叉敷设满足有关规程规定要求。

施工工艺及要求如下：

（1）土方开挖完成后按现场土质的坚实情况进行必要的沟底夯实处理及沟底整平。

（2）浇筑的混凝土板基础应平直，浇筑过程中用平板振动器振捣。

（3）在底层应先砌砖，根据设计要求用砖包底层电缆管，再砌第二层，如此类推，逐层施工。

（4）管道敷设时应保证管道直顺，接口无错位。管与管之间的管驳采用热熔或插接，导管器试通合格。

（5）管沟填碎石、石粉或粗砂垫层应控制好高度，并压实填平。

（6）电缆与管道、地下设施、城市道路、公路平行交叉敷设需满足有关标准的要求。管应保持平直，管与管之间应有 20mm 的间距。

（7）当埋管深度不满足埋深要求时，排管断面可采用现浇混凝土包封内加钢筋，钢筋混凝土变形缝间距不宜超过 30mm，缝宽宜为 30mm，变形缝应贯通全截面，变形缝处应采取有效防水措施。

（8）施工中应防止水泥、砂石进入管内，管应排列整齐，并有不小于 0.1％ 的排水坡度，施工完毕应对排管两端严密封堵。

4.3.3.3　电缆桥架

（1）电缆桥架的组成结构，应满足强度、刚度及稳定性要求，且应符合下列规定：

1）桥架的承载能力不得超过使桥架最初产生永久变形时的最大荷载除以安全系数（取 1.5）的数值。

2）梯架、托盘在容许均布承载作用下的相对挠度值，钢制不宜大于 1/200；铝合金制不宜大于 1/300。

3）钢制托臂在容许承载下的偏斜与臂长比值不宜大于 1/100。

（2）电缆固定用的部件，除交流单相电力电缆外，可采用经防腐处理的扁钢抱箍、尼龙扎带或镀塑金属扎带，但不得用铁丝直接捆扎电缆。交流系统的单芯电缆或分相后的分相铅套电缆的固定夹具宜采用铝合金等不构成磁性闭合回路的夹具。固定点应满足以下要求：

1）固定点应设在应力锥下和三芯电缆的电缆终端下部等部位。

2）电缆终端搭接和固定必要时加装过渡排，搭接面应符合规范要求。搭接后不得使搭接处设备端子和电缆受力。

3）各相终端固定处应加装符合规范要求的衬垫。

4）铠装层和屏蔽均应采取两端接地的方式；当电缆穿过零序电流互感器时，接地点设在互感器远离接线端子侧。

5）电缆固定后应悬挂电缆标识牌，标识牌尺寸规格统一。

（3）组装后的钢结构竖井，其垂直偏差不应大于其长度的 2/1000，支架横排的水平误差不应大于其宽度的 2/1000，竖井对角线的偏差不应大于其对角线长度的 5/1000。

（4）梯架（托盘）在每个支吊架上的固定应牢固，梯架（托盘）连接板的螺栓应紧固，螺母应位于梯架（托盘）的外侧。铝合金梯架在钢制支吊架上固定时，应有防电化腐蚀的措施。

（5）电缆桥架转弯处的转弯半径不应小于该桥架上的电缆最小容许弯曲半径的最大者。

4.3.3.4 电缆井

电缆井长度根据敷设在同一工作井最长电缆接头以及能吸收来自排管内电缆的热伸缩量所需的伸缩弧尺寸决定，且伸缩弧的尺寸应满足电缆在寿命周期内电缆金属护套不出现疲劳现象。

电缆井距离按计算牵引力不超过电缆容许牵引力来确定，直线段一般控制为50～80m，电缆井需设置集水坑，向集水坑泄水坡度小于0.5%。

施工工艺及要求如下：

(1) 开挖应严格按挖沟断面分级开挖，沟体应连续开挖，挖土完成后应对基层土进行夯实处理。

(2) 浇捣混凝土垫层时，先绑扎钢筋，然后浇捣混凝土。

(3) 电缆井砌筑前应复测，确定方向后按设计要求进行砌筑。

(4) 压顶梁浇筑时，制作安装模板时应托架牢固、模板平直、支撑合理、稳固及拆卸方便。

(5) 抹灰前检查预埋件安装位置应正确，与墙体连接应牢固。

(6) 铺设盖板时，应调整构件位置，使其缝宽均匀。

(7) 电缆井内电缆支架等所有铁附件均需可靠接地，其接地电阻不大于10Ω。

(8) 电缆井开挖时，密切注意地下管线、构筑物分布情况。

(9) 如出现沟底持力层达不到设计要求，采取换土处理。

(10) 拆模养护时，非承重构件的混凝土强度达到1.2MPa且构件不缺棱掉角，方可拆除模板。

(11) 混凝土外露表面不应脱水，普通混凝土养护时间不少于7天。

(12) 抹灰工程施工的环境温度不宜低于75℃，在低于5℃的气温下施工时，应有保证质量的有效措施。

(13) 土方回填时宜采用人工回填，采用石矢粉或粗砂分层夯实，每层厚度不应大于300mm。

4.3.3.5 电缆隧道

(1) 变形缝的设置应符合下列要求：

1) 明挖等整体浇筑式结构沿线应设置变形缝。

2) 不同工法结构形式隧道衔接处、与变电站接口处、工作井室外侧1m处、荷载和工程地质等条件发生显著改变处均设置变形缝。

3) 变形缝缝距不宜超过30m，变形缝应贯通全截面，变形缝处结构厚度不应小于300mm，并设置防水措施。

(2) 明挖结构现浇钢筋混凝土及钢筋混凝土结构的横向施工缝的位置及间距应综合考虑结构型式、受力要求、气象条件及变形缝间距等因素，参照类似工程的经验确定。施工缝间各结构段的混凝土宜间隔浇筑。

(3) 矩形隧道结构顶、底板与侧墙连接处应设置腋角，内配置八字斜筋的直径宜与侧墙的受力筋相同，间距可为侧墙受力筋间距的两倍（即间隔配置）。当底板与侧墙连接处由于电缆支架的安装需要无法设置腋角时，应适当增大拐角处的钢筋量。

（4）严寒地区隧道结构应位于当地冻土层以下，否则混凝土结构应该考虑冻融环境的作用。电缆隧道穿越重要市政工程处，必须考虑特殊的辅助施工措施，应确保被穿越物的安全。

4.3.3.6　电缆线路附属设施

1. 电缆支架

（1）电缆支架的加工应符合下列要求：

1）钢材应平直，无明显扭曲。下料误差应在 5mm 范围内，切口应无卷边、毛刺。

2）支架应焊接牢固，无显著变形。各横撑间的垂直净距与设计偏差不应大于 5mm。

3）金属电缆支架必须进行防腐处理，采用热镀锌或热浸塑，优先采用热浸塑。

（2）电缆支架的层间容许最小距离应按设计规定，当设计无规定时，与支（吊）架容许最小距离为 150～200mm，与桥架最小距离为 250mm。但层间净距离不小于两倍电缆外径加 10mm。

（3）电缆支架应安装牢固，横平竖直；托架支吊架的固定方式应按设计要求进行。各支架的同层横档应在同一水平面上，其高低偏差不应大于 5mm。托架支吊架沿桥架走向的左右偏差不应大于 10mm。在有坡度的电缆沟内或建筑物上安装的电缆支架，应有与电缆沟或建筑物相同的坡度。

（4）水平敷设时电缆支架的最上层、最下层布置尺寸应符合下列规定：

1）最上层支架距构筑物顶板或梁底的净距容许最小值应满足电缆引接至上侧柜盘时的容许弯曲半径要求。

2）最上层支架距其他设备的净距不应小于 300mm；当无法满足时应设置防护板。

3）最下层支架距地坪、沟道底部的最小净距不宜小于表 4-1 所列值。

表 4-1　　　　　　　　　　　垂 直 净 距 要 求

电缆敷设场所及其特征		垂直净距/mm
电缆沟		50
电缆夹层	非通道处	200
	至少一侧不小于 800mm 宽通道处	1400
公共廊道中心电缆支架无围栏防护		1500
厂房内		2000
厂房外	无车辆通过	2500
	有车辆通过	4500

（5）组装后的钢结构竖井，其垂直偏差不应大于其长度的 2/1000，支架横排的水平误差不应大于其宽度的 2/1000，竖井对角线的偏差不应大于其对角线长度的 5/1000。

（6）电缆支架应有足够的承重能力。

2. 照明系统

（1）电缆隧道内应设置照明设备，满足正常及事故工况的照明，照明灯具应为防潮、防爆型灯。隧道及工作井内的平均照度不小于 15lx。

（2）隧道照明电压宜采用 24V 低压照明，当用 380V/220V 电压时，应有防止触电的安全措施，并应敷设灯具外壳专用接线，照明变压器的一次侧中性点应为直接接地，事故应急照明宜采用灯具自带蓄电池供电，蓄电池放电时间不低于 30min。应急照明回路不应装设插座，插座回路与灯回路分开，每回路宜设漏电保护装置。

（3）照明配电柜，照明配电箱，照明变压器及其支架，电缆接线盒的外壳，导线与电缆的金属外壳、金属保护管、需要接地的灯具外壳、照明灯杆、插座、开关的金属外壳等应接地，正常照明配电箱（屏）的工作中性线（N 线）母线应就近接入地网。

（4）照明网络的工作中性线（N 线）必须有两端接地，可将末端照明配电箱的工作中性线（N 线）母线与外壳同时接入接地装置。

（5）隧道内照明灯具应选用防水、防尘、防爆灯具，并应选择高光效的节能光源和灯具。

（6）照明导线截面选择应按线路电流进行选择，按容许电压损失、机械强度容许的最小导线截面进行校验，并应与供电回路保护设备互相配合。

3. 环境监测系统

隧道内立配健环境预控系统，采用生线实时监控模式，对电缆隧道集中监控。宜具有以下功能：

（1）实时瞄测隧边环境温度、火灾预控和报警。

（2）可燃气体浓度、氧气浓度、有害气体浓度监测。

（3）实时监控电缆隧道内积水水位。

4. 排水系统

（1）电缆隧道的纵向排水坡度不得小于 0.5%，高落差地段的电缆隧道中纵向坡度不宜大于 15°。电缆隧道最低点应设置工作井，工作井的底板应设置集水坑。

（2）电缆隧道宜采用自动化机械排水系统，机械排水系统水泵应采用可耐腐蚀性的材料，其寿命在正常工况不应低于 10 年。

（3）排水管应与市政雨水管线联通，保证排水通畅，并应有防止雨水回流措施。

（4）排水系统应设置水位收测装置，具有高位报警功能。

4.3.3.7 通风系统

（1）电缆隧道应根据所在地区环境条件、电缆敷设条件及其余地下管道等条件，以技术可靠、环境友好、经济合理的原则设置通风系统。隧道内的环境温度不应高于 40°，当自然通风不满足隧道内环境温度要求时，应采用机械通风。

（2）当电力隧道建设长度在 300m 以内时，应在隧道两端设立通风亭各一座，隧道建设长度超过 300m 时，宜在电力隧道出入口、工作井以及中间每隔 250m 适当位置设立通风亭。

（3）电缆隧道内可以采用自然通风或机械通风。机械进风或排风风速不应大于 5m/s。进、排风孔处应设置防止小动物进入隧道的金属网格。

（4）电缆隧道通风址应同时满足以下条件：

1）消除余热通风量宜按隧道最大电缆通过能力计算。

2）人员检修新风量宜按 30m³/(h·人) 计。

3）当自然通风不足以排除室内余热时，可采用机械排风，排风量按 6 次/h 换气次数计算。当采用其他辅助降温设施时，设备容量的选取应考虑及时排除电缆发热量，同时满足人员检修时新风量的要求。

4.3.3.8 验收

（1）电缆构筑物应满足防止外部进水、渗水的要求，且应符合下列规定：

1）对电缆沟或隧道底部低于地下水位、电缆沟与水管沟并行邻近、隧道与工业水管沟交叉时，宜加强电缆构筑物防水处理。

2）电缆沟与工业水管沟交叉时，电缆沟宜位于工业水管沟的上方。

3）在不影响厂区排水情况下，厂区户外电缆沟的沟壁宜稍高出地坪。

（2）电缆构筑物应实现排水畅通，且符合下列规定：

1）电缆沟、隧道的纵向排水坡度不得小于 0.5%。

2）沿排水方向适当距离宜设置集水井及其泄水系统，必要时应实施机械排水。

3）隧道底部沿纵向宜设置泄水边沟。

（3）电缆沟沟壁、盖板及其材质构成应满足承受荷载和适合环境耐久的要求。

（4）电缆管不应有穿孔、裂缝和显著的凹凸不平，内壁应光滑；金属电缆管不应有严重锈蚀；塑料电缆管应有满足电缆线路敷设条件所需保护性能的品质证明文件。在易受机械损伤的地方和受力较大处直埋时，应采用足够强度的管材。

（5）电缆桥（支）架应符合下列要求：

1）支架钢材应平直，无明显扭曲。下料误差应在 5mm 范围内，切口应无卷边、毛刺。

2）支架焊接应牢固，无显著变形。各横撑间的垂直净距与设计偏差不应大于 5mm。

3）电缆桥（支）架的强度，应满足电缆及其附件荷重和安装维护的受力要求，当有可能短暂上人时，应计入 900N 的附加集中荷载；在户外时，还应计入可能有覆冰、雪和大风的附加荷载。

4）金属电缆桥（支）架应进行防腐处理。位于湿热、盐雾以及有化学腐蚀地区时，应根据设计做特殊的防腐处理。

5）电缆桥（支）架应横平竖直。

6）在有坡度的电缆沟内或建筑物上安装支架，应有与电缆沟或建筑物相同的坡度。

（6）电缆工作井的尺寸应满足电缆最小弯曲半径要求。电缆井内应设有积水坑，并安装沉水栅栏。

（7）中间验收的相关规范。

1）工程主要用材的中间验收以主材出厂合格证、试验报告验收为主，必要时进行主材检测。

2）中间验收中应抽查工程质量控制资料，包括原材料合格证、进场检验记录和复试报告以及隐蔽工程验收记录和施工记录等。

3）中间验收过程中应重点对电力管道转弯半径，净空尺寸；电力管道通风设置等使用功能进行检验。

4）电力管井应重点开展的中间验收范围涵盖沟槽开挖质量，钢筋加工、绑扎及安装质量，模板支立质量，混凝土抗压强度，埋管贯通质量。

5) 防水工程应重点开展的中间验收范围涵盖防水层铺贴质量，止水带安装质量，成型管道渗漏水情况。

6) 附属设施工程应重点开展的中间验收范围涵盖电力井盖材质、尺寸、功能、外观，电力金具，接地极及接地线材质、尺寸、功能、外观。

第5章 低压配电线路设备标识命名及使用

5.1 命 名 依 据

设备标识分为名称标识和警告标识两种。名称标识一般用设备的命名表示，警告标识按规程命名管理。

低压线路及设备的标识命名应符合《金华电业局 10kV 及以下配网运行标准》（Q/JDJG 050503）要求，并符合《安全标志及其使用导则》（GB 2894—2008）的要求。

5.2 命 名 原 则

（1）凡投入运行的配电网设备均应有唯一的和独有的名称命名。配电设备的标识命名应符合规定，简洁醒目，便于日常巡视，满足操作维护的要求。

（2）配电设备发生变更时，其命名、标识发生变动时应及时更新。标识牌颜色应符合国家电网公司识别规范。高、低压配电设备的命名标识应采用不同颜色加以区分，低压设备标识采用白底绿字。国家有标准的按照国家标准执行。

5.3 命 名 及 使 用

低压配电设备标识命名依据配电设备类型分为低压线路命名、低压杆塔命名、低压配电室命名、低压柜命名、低压电缆命名和低压电缆分支（接）箱命名。运行班组标识管理应遵循以下要求：

（1）运行单位应建立标识管理制度，明确管理要求，确保标识与现场实际相符、与台账资料一致。

（2）日常运行中如有标识破损、涂改、覆盖、严重褪色等情况，应及时更换；线路或设备命名变化时，应及时更新。

（3）各类标识在制作、挂设前应进行核对。

5.3.1 低压线路命名及使用

低压线路命名由"2~5 个汉字（表示电源变压器名称）"＋"电压等级"＋"地域特征名称"组成，支线以配电变压器名称和支线名称组成。例如：将军路公变 0.4kV 胜利街主线，将军路公变 0.22kV 桂林巷支线。

5.3.2 低压杆塔标识命名及使用

5.3.2.1 低压杆塔命名规则

低压杆塔命名以配电变压器出线第一基杆塔即为 1 号杆，然后依序编号；分支线路 T 接杆为分支线路的 0 号杆，然后依序编号。例如："将军路公变 0.4kV 胜利街线 11 号杆"。杆架式配变两侧低压架空线路命名则依据"低压线路命名"＋"方向"＋"杆塔编号"命名。例如"石榴巷公变 0.4kV 石榴巷线东 5 号杆""石榴巷公变 0.4kV 石榴巷线西 3 号杆"。

5.3.2.2 低压杆铭牌模板

低压杆铭牌应采用铝板制作，白底（或依据相关标准），铭牌颜色应与同杆 10kV 铭牌有明显区分。铭牌具体尺寸如图 5-1 所示。

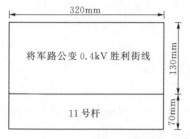

图 5-1 低压杆铭牌模版

5.3.2.3 低压杆标识使用要求

（1）架空配电线路的杆塔每基均应有明显的名称标识牌。标识牌宜挂在线路下方且面向电源侧，或杆塔的线路巡视道路一侧。标识牌宜采用搪瓷牌或铝板制作，设置点离地高度 2.5m 以上。对平行或相距较近的同电压等级线路，应以其文字和数字颜色的不同来予以区别，采用铝板制作，白底。

（2）高压双电源杆塔、低压双电源杆塔、高低压不同电源杆塔还应加挂"双电源"红底警告标识牌，该标识牌设置在杆塔名称标识牌上方。

（3）在公路边或其他易受外力破坏地段的杆塔，还应在杆塔根部用反光漆涂写 1m 长的黄黑相间的警示标志，或在其加固的基础上粘贴红白相间的瓷片。

（4）铁塔、靠近建筑物的杆塔及其他易于攀登的杆塔还应设置"禁止攀登 高压危险"的警告标识牌。

（5）钢筋混凝土杆塔应有明显的永久性的 3m 标记。当钢筋混凝土杆塔没有厂家刻画的 3m 标记时，运行单位应用油漆补画。

5.3.3 低压配电室标识命名

5.3.3.1 低压配电室命名规则

低压配电室命名依据配电站命名，如"红旗楼配电站低压配电室"。农村杆变（台变）低压配电室命名与配电站命名规则一致，如"西埠 2 号公变低配室"。

5.3.3.2 低压配电室铭牌模板

配电站各配电室门上应悬挂配电室铭牌，低压配电室铭牌为"低压室"，铭牌模板如图 5-2 所示。

5.3.3.3 低压配电室标识管理

小区配电站在大门正上方应设置命名标识牌。小区配电站的高压室、变压器室和低压室门口分别设置命名标识牌。小区配电站的电缆层设置命名标识牌。小区配

图 5-2 低压配电室铭牌模板

电站各室门口设置"未经许可　不得入内""必须戴安全帽""禁止烟火"警示牌。SF₆开关柜室门口设置"注意通风"警示标识。标识牌宜采用搪瓷牌或不锈钢制作，用螺丝固定。

5.3.4　低压柜标识命名及使用

5.3.4.1　低压柜命名规则

低压柜命名以"台区名"＋"编号"命名。如"绿茵小区 01 号柜（1 号变低压总柜）""绿茵小区 2 号柜（1 号变低压出线柜）""绿茵小区 6 号柜（2 号变电容柜）"。

5.3.4.2　低压柜内出线开关命名及使用

低压柜内出线开关编号以"低压出线柜编号"＋"内柜出线名号（从左至右）"命名，如"3 号低压出线柜 1 号出线""4 号低压出线柜 3 号出线"。

5.3.4.3　低压柜及低压柜内出线开关铭牌模板

配电低压柜正、反面盘面上均应设置各分路开关所接出线的名称标识牌及用户命名。

5.3.5　低压电缆标识命名及使用

5.3.5.1　低压电缆标识命名规则

低压电缆命名依据低压出线起点（受电侧或用户）命名，如图中的 3 号低压出线柜 1 号出线（6 栋分接箱）。

5.3.5.2　低压电缆标识命名模板及要求

低压电缆出线应挂设命名牌，命名牌中应有配变、起点、终点、型号（电缆长度），例如：

配变（编码）：保集蓝郡 1 号配电房 1 号配变（BG686）

接户点名称：1 号楼动力表箱

起点：1 号分接箱

终点：1 号楼动力表箱

型号　长度：YJV22－4×16　26m

低压电缆标识命名模板如图 5－3 所示。

图 5－3　低压电缆标识命名模板

5.3.5.3　低压电缆标识管理

（1）电缆线路应挂名称标识牌。其内容为：电压等级、线路名称、电缆型号、起止点。标识牌宜采用塑料牌，绑扎固定。

（2）沿电缆沟敷设的电缆应间隔一定的距离挂名称标识牌。用电缆排管敷设的电缆应在电缆井中挂名称标识牌。

（3）直埋和用电缆排管敷设的电缆应在地面埋设地下电缆警告标识牌。该标识用钢筋混凝土制作。影响交通地段应使用规格为 200mm×200mm 的平板电缆警告标识牌。

（4）电缆井应设电缆井标识。电缆井标识根据道路、线路情况命名。

5.3.6　低压电缆分支箱标识命名及使用

5.3.6.1　低压电缆分接箱标识命名规则

低压电缆分支箱以"台区名＋低压电缆分支箱名称＋（供电位置或用户）"命名。该名字应较明确地隐含低压电缆分支箱的特征，如受电电源、低压分接箱编号、位置或用户等。当同一小区或地段有数座低压电缆分支箱时，则可冠以台区名称＋阿拉伯字表示的序号，如："绿茵小区1号配变01号低压电缆分支箱（8号楼前）"。

5.3.6.2　低压分接箱标识命名模板

低压分接箱在正面箱门上设置名称标识牌。名称标识牌上应标明分接箱命名及进线电源点位置，对应关系如下：

　　　×× 号公变　　　×× 号电缆分支箱　　　（×× 号柜×× 号开关供）
　　　　　↓　　　　　　　　↓　　　　　　　　　　↓
　　　公变名称　　　　　流水号　　　　　　　对应上级电源位置
　　　×× 号公变　　　×× 号电缆分支箱　　　（×× 线×× 号杆供）
　　　　　↓　　　　　　　　↓　　　　　　　　　　↓
　　　公变名称　　　　　流水号　　　　　　　对应上级电源位置

低压分接箱标识命名模板如图5-4所示。

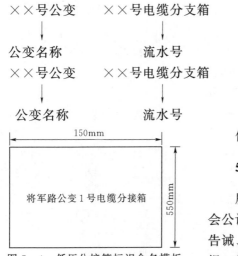

图5-4　低压分接箱标识命名模板

5.3.7　警示标识

所谓"警示标识"，是一种按照国家标准或社会公认的标志组成的统一标识，具有特定含义，以告诫、提示人们对某些不安全因素高度注意和警惕，如图5-5～图5-7所示。

（a）警示标识一　　　（b）警示标识二　　　（c）警示标识三

（d）警示标识四　　　（e）警示标识五　　　（f）警示标识六

图5-5　警示标识

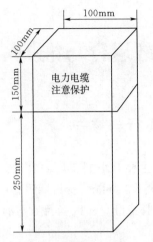

图 5-6　地下电缆警告标识牌（红字）

图 5-7　双电源警告标识（红底白字）

5.3.8　其他标识

一次接线图采用 0.5 亚克力板、广告钉安装、图纸彩色打印（50cm×40cm），如图 5-8、图 5-9 所示。

水泥杆防撞标识如图 5-10 所示，采用反光漆涂刷，高度至少 1.2m。

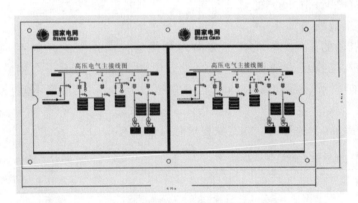

图 5-8　一次接线图

图 5-9　丝网印刷反光贴（160cm×34cm）

图 5-10　水泥杆防撞标识

第6章 低压架空线路运行与维护

6.1 低压架空线路运行与维护

电压等级在 220～380V 时称为低压配电线路，主要对小型工厂、农村、商店和居民等进行供电。其中低压架空线路由杆塔、横担、绝缘子、导线、变压器等组成，其结构比较简单，运行、维护和故障处理等比较方便，在一般城市、郊区以及农村普遍设置架空线路。

6.1.1 基本要求

低压架空线路应符合《电气装置安装工程 66kV 及以下架空电力线路施工及验收规范》（GB/T 50173—1992）的要求，架空绝缘线路应符合《架空绝缘配电线路施工及验收规程》（DL/T 602—1996）的要求，架空平行集束绝缘线路应符合《架空平行集束绝缘导线低压配电线路设计规程》（Q/GDW 176—2008）的要求，架空配电线路的运行参照《架空配电线路及设备运行规程》（SD 292—1988）的要求。

（1）杆塔基础牢固、标识齐全清晰。

（2）直线杆的倾斜不大于梢径的 1/2，转角杆不应向内角倾斜，向外角的倾斜不应大于一个梢径。终端杆不应向拉线反方向倾斜，向拉线方向倾斜不应大于一个梢径；混凝土杆塔表面不宜有纵向裂纹，横向裂纹的宽度不宜超过 0.5mm，长度不宜超过周长的 1/3。

（3）混凝土杆塔的埋深符合表 6-1 的要求，有特殊要求时以设计为准。

表 6-1　　　　　　　　　　　　　混凝土杆塔埋深标准　　　　　　　　　　　　单位：m

杆高	8.0	9.0	10.0	11.0	12.0	13.0	15.0	18.0
埋深	1.5	1.6	1.7	1.8	1.9	2.0	2.3	2.6

1）同一档距内各相导线的弧垂应一致，相差不应超过 50mm。

2）绝缘导线上的验电接地环应能满足检修需要。

3）导线对地距离、交叉跨越距离，杆塔、构件及其他引线间的距离应符合相关规定。

（4）导线断股、损伤的处理要求应满足表 6-2 规定。

（5）横担及金具应无锈蚀、变形、位移，横担上下倾斜、左右斜扭不应大于 20mm。

（6）绝缘子表面无脏污、缺釉、裂缝，固定连接可靠，无偏斜。

（7）拉线截面不应小于 25mm²，与杆塔的夹角为 45°，若受地形限制不应小于 30°；拉线棒直径不小于 16mm，露出地面应为 0.5～0.7m；水平拉线对通车路面（含路肩）的垂直距离不应小于 6m。

导线类型	处　理　方　法		
	用缠绕或护线预绞丝	用补修管或补修预绞丝补修	切断重接
铝绞线或 铝合金绞线	断股损伤截面不超过总面积的 7%	断股损伤截面占总面积的 7%～17%	断股损伤截面超过总面积的 17%
钢芯铝绞线或 钢芯铝合金绞线	断股损伤截面不超过总面积的 7%	断股损伤截面占总面积的 7%～25%	钢芯断股或断股损伤截面超过总面积的 25%
绝缘导线	线芯截面损伤在导电部分截面的 6% 以内，损伤深度在单股线直径的 1/3 之内，应用同金属的单股线在损伤部分缠绕，缠绕长度应超出损伤部分两端各 30mm	线芯截面损伤不超过导电部分截面的 17% 时，可敷线修补，敷线长度应超过损伤部分，每端缠绕长度超过损伤部分不小于 100mm	在同一截面内，损伤面积超过线芯导电部分截面的 17% 或钢芯断一股

注：1. 如断股损伤减少截面虽达到切断重接的数值，但确认采用新型的修补方法能恢复到原来强度及载流能力时，亦可采用该补修方法进行处理，而不做切断重接处理。

　　2. 集束绝缘导线出现硬弯、死弯时，应切断重接。

　　3. 一个档距内，单根绝缘线绝缘层的损伤修补不宜超过三处。

　　4. 绝缘导线或集束绝缘导线绝缘层损伤深度在绝缘层厚度的 10% 及以上时应进行绝缘修补，可用绝缘自粘带缠绕，每圈绝缘自粘带间搭压带宽的 1/2，补修后绝缘自粘带的厚度应大于绝缘层损伤深度，且不少于两层。也可用绝缘护罩将绝缘层损伤部位罩好，并将开口部位用绝缘自粘带缠绕封住。

（8）拉线绝缘子应无损坏，安装位置在拉线断线的情况下对地距离不应小于 2.5m。

6.1.2　巡视周期

市区每月至少一次，郊区和农村每三个月至少一次。

6.1.3　巡视检查的主要内容

6.1.3.1　线路通道

（1）有无危及线路安全的易燃、易爆物品和腐蚀性气（液）体。

（2）导线对地，对道路、公路、铁路、索道、河流、建筑等的距离应符合相关规定，有无可能触及导线的铁烟囱、天线、路灯等。

（3）有无危及线路安全的树木、竹林、建筑、构架、广告牌等情况。

（4）有无威胁线路安全的土方、爆破、路政等工程。

（5）有无威胁线路安全运行的射击、放风筝、抛扔杂物和在杆塔、拉线上拴牲畜等行为。

（6）是否存在山洪、泥石流等自然灾害对线路的影响。

（7）是否存在电力设施被擅自移作他用的现象。

（8）线路附近出现的高大机械、揽风索及可移动的设施等。

（9）有无违章搭挂情况。

6.1.3.2 杆塔和基础

（1）埋深、倾斜度是否符合要求，有无因取土、开挖等造成杆塔倾斜或埋深不足等现象。杆塔位移偏离线路中心线不应大于 0.1m。

（2）基础有无下沉、开裂、损伤，防洪设施有无损坏、坍塌。周围土壤有无挖掘或沉陷，杆塔埋深是否符合要求。

（3）杆塔及附件有无弯曲、变形、锈蚀，连接螺栓有无松动缺失，接地是否可靠。

（4）水泥杆表面有无裂纹、露筋，组合式杆塔的焊接处有无开裂、锈蚀。横向裂纹不宜超过 1/3 周长，且裂纹宽度不宜超过 0.5mm。

（5）有无被碰撞的痕迹和可能，各类标识是否齐全清晰，位于路边的杆塔的防撞措施是否到位、有效，杆塔是否被充当临时或永久锚桩。

（6）杆塔上有无危及线路安全运行的蜂鸟巢穴、风筝或其他杂物，有无藤蔓类植物附生。

6.1.3.3 导线

（1）裸导线有无腐蚀、断股、烧伤的痕迹，绑扎线有无脱落。

（2）绝缘导线的端头、接头是否有绝缘护封。

（3）架空绝缘导线、平行集束导线的表面是否有气泡、鼓肚、砂眼、露芯、绝缘断裂等。

（4）弧垂是否符合要求，三相弛度是否平衡，有无过紧、过松现象，导线的固定、连接是否可靠。

（5）导线连接部位是否良好，有无过热变色和严重腐蚀，连接线夹是否缺失。

（6）导线上有无影响线路正常运行的异物，绝缘导线上的验电接地环是否完好。

（7）过引（跳）线与杆塔、构件及其他引线间的距离是否符合规定。

（8）有无因建房或道路抬高造成导线对新建房屋、道路安全距离不足。

6.1.3.4 横担及金具

（1）横担有无锈蚀、歪斜、变形。

（2）金具有无缺失，有无锈蚀、变形、裂缝，各活动部位有无卡阻现象。

（3）接续金具有无发热、变形、开裂、严重腐蚀等现象。

6.1.3.5 绝缘子

（1）安装是否牢固，有无偏斜，螺母、销子等有无缺失。

（2）瓷质表面有无脏污、破损、放电痕迹。

（3）金属部分有无锈蚀、裂纹、镀锌层脱落等现象，与瓷件连接处有无裂纹、断裂。

6.1.3.6 拉线

（1）拉线基础是否牢固，周围土壤有无突起、沉陷、缺土等现象。

（2）拉线有无锈蚀、松弛、断股和张力分配不匀等现象，拉线的受力角度是否适当，当一基杆塔上装设多条拉线时，各条拉线的受力应一致。

（3）拉线棒有无严重锈蚀、变形、损伤及上拔现象，必要时应作局部开挖检查。

（4）金具附件有无变形、松动、损坏、缺失等现象。拉线的抱箍、拉线棒、UT 型线夹、楔型线夹等金具铁件有无变形、锈蚀、松动或丢失现象。

（5）拉线绝缘子是否损坏或缺少，安装位置是否合适，对地距离是否符合要求。

（6）水平拉线跨越道路时对路面（含路肩）的垂直距离是否满足要求。

（7）有无因环境变化而影响交通，防撞措施是否齐全。

（8）拉线上有无危及线路安全运行的藤蔓类植物附生或其他杂物。

6.1.4 检测与维护

6.1.4.1 检测

检测工作是发现设备隐患、开展预知维修的重要手段，方法应正确，数据应准确，检测计划应符合季节性要求，检测资料应妥善保管。设备常规检测项目与周期见表6-3。

表6-3　　　　　　　　　　　　设备常规检测项目与周期

项　目		周期/年	备　注
杆塔	钢筋混凝土杆裂缝		根据巡视发现的问题
	杆塔、铁件锈蚀情况检查	3~5	对杆塔进行防腐处理后应做现场检验
	杆塔地下部分（金属基础、拉线装置、接地装置）锈蚀情况检查	5	抽查，包括挖开地面检查
	杆塔倾斜及基础沉降测量		根据实际情况选点测量
	钢管塔		应满足钢管塔的要求
绝缘子	绝缘子金属附件检查	2	投运后第5年开始抽查
	瓷绝缘子裂纹、钢帽裂纹、闪烙灼伤		每次清扫时
	合成绝缘子伞裙、护套、粘接剂老化、破损、裂纹；金具及附件锈蚀	2~3	根据运行情况
导线及电缆	导线接续金具的温度测试，包括： （1）直线接续金具。 （2）不同金属接续金具。 （3）并沟线夹、跳线连接板、压接式耐张线夹		应在线路负荷较大时抽测
	导线烧伤、振动断股和腐蚀检查	2	抽查导线线夹，应及时打开检查
	导线舞动观测		在舞动发生时应及时观测
	导线弧垂、对地距离、交叉跨越距离测量		线路投入运行1年后测量1次，以后根据巡视结果决定
	绝缘导线的相间、对地绝缘		根据运行情况
	电缆线路的相间、对地绝缘		根据运行情况
	电缆中间接头、终端头的温度测试	1	应在线路负荷较大时抽测或根据运行情况
金具	金具锈蚀、磨损、裂纹、变形检查		根据运行情况，外观难以看到的部位，要打开螺栓、垫圈检查或用仪器检查
接地装置	TN-C系统中的重复接地电阻		按规定周期或电压异常时
	外露可接近导体的接地电阻		有必要时

项 目		周期/年	备 注
其他	防冻、防冰雪、防洪、防风沙、防水、防鸟设施检查	1	清扫时进行

注：1. 检测周期可根据本地区实际情况进行适当调整，但应经本单位总工程师批准。

　　2. 检测项目的数量及内容可由运行单位根据实际情况选定或增加。

6.1.4.2　维护

（1）维护项目应按照设备状况，巡视、检测的结果和反事故措施的要求确定

（2）维护工作应根据季节特点和要求安排，要及时落实各项反事故措施。

（3）维护时，应对各部件进行检查。

（4）维护工作应符合有关工艺要求及质量标准。

6.2　低压电缆线路运行与维护

电缆的运行工作包括线路巡视、预防性试验、负荷温度测量等内容。

6.2.1　巡视

电缆内部故障虽不能通过巡视直接发现，但通过对电缆敷设环境条件的巡视、检查、分析，仍能发现缺陷和其他影响安全运行的问题。因此，加强巡视检查对电缆安全运行和检修有着重要意义。巡视周期如下：

（1）敷设在土中、隧道中以及沿桥梁架设的电缆，每三个月至少巡视一次。可根据季节及基建工程特点增加巡视次数。

（2）电缆竖井内的电缆，每半年至少巡视一次。

（3）对挖掘暴露的电缆，应加强巡视。

（4）电缆终端头，根据现场运行情况每1～3年停电检查一次。污秽地区的电缆终端头的巡视与清扫的期限可根据当地的污秽程度决定。

6.2.2　巡视注意事项

电缆线路巡视的主要内容见表6-4，除相关要求外，还应检查以下内容：

（1）对敷设在地下的每一电缆线路，应查看路面是否正常，有无挖掘痕迹以及路线标桩是否完整无缺等。

（2）电缆相互之间容许最小间距以及与其他管线、构筑物基础等最小间距是否符合规定。

（3）电缆的各种基础有无下沉，周围有无影响安全运行的杂物堆积或植物生长。

（4）配电屏（控制箱）的电缆进出孔、穿越墙体（楼板）的孔洞、排管口有无封堵措施，进出管（孔）口的电缆有无损伤变形，工作井盖板能否正常打开，备用排管是否被异物堵塞和有无断裂现象。

（5）竖井设置的阻火隔层是否完好。

（6）应悬挂或安装的命名标识、相位标识、警告标识、标识砖、路径指示牌、限高标识等是否齐全、清晰、正确、完好。

（7）桥架本体有无开裂痕迹，附属材料有无明显老化，各连接螺丝是否缺损、锈蚀。

（8）坡度较大的地段，防止电缆滑落的措施是否齐全。

（9）电缆线路上不应堆置瓦砾、矿渣、建筑材料、笨重物件、酸碱性排泄物或石灰坑等。

（10）对于通过桥梁的电缆，应检查两端是否拖拉过紧，保护管或槽有无脱落开或锈烂现象。

（11）对于备用排管应用专用工具疏通，检查其有无断裂现象。

（12）人井内电缆铅包在排管口及挂钩处，不应有磨损现象，需检查衬铅是否失落。

（13）对在户外与架空线连接的电缆和终端头，应检查终端头是否完整，引出线的接点有无发热现象，靠近地面一段电缆是否被车辆碰撞等。

（14）多根并列电缆要检查电流分配和电缆外皮的温度情况，防止因接点不良而引起电缆过负荷或烧坏接点。

（15）查看电缆是否过负荷，电缆原则上不容许过负荷。

（16）敷设在房屋内、隧道内和不填土的电缆沟内的电缆，要特别检查防火设施是否完整。

表 6-4　　　　　　　　　　电力电缆线路巡视的主要内容

设备	巡视部位	巡视内容	缺陷描述	缺陷分类	
				程度	原因
电缆	通道	线路走廊检查电缆线路的保护区路面有无被挖掘的痕迹，是否有钻探、钻孔（桩）作业；是否有打地基等施工；电缆保护区内、外是否有非开挖施工标记	电缆保护区内有挖掘痕迹及现象	一般	外部隐患
			电缆保护区有打地基施工	重大	
			有钻探、钻孔（桩）作业现象	重大	
			有非开挖施工标记	一般	
		向施工单位书面交底过程中的对象是否对应，措施是否落实	施工单位已更换负责人	一般	外部隐患
			措施未落实	一般	
		电缆沟及盖板是否完整	盖板缺失	紧急	部件缺失
			破损有蜂窝，面积不超过盖板面积的1%，露副筋或出现少量裂缝	一般	
			破损有孔洞、露主筋，或出现贯通性裂缝	重大	
		电缆保护区内是否有堆放垃圾、矿渣、易燃物、易爆物；倾倒酸、碱、盐及其他有害化学物品，兴建建筑物或种植树木、竹子	电缆保护区内堆放垃圾、矿渣、易燃物、易爆物，倾倒酸、碱、盐及其他有害化学物品	一般	外部隐患
			电缆保护区内兴建建筑物		
			电缆保护区内有根系发达的乔木类植物		

设备	巡视部位	巡 视 内 容	缺 陷 描 述	缺陷分类	
				程度	原因
电缆	通道	电缆线路标志物是否完好、明显	标志物缺失	一般	部件缺失
		沿布图标示的参照物是否有变化	对照电缆线路沿布图,发现电缆走廊参照物有变化	一般	资料失准
		电缆层、竖井的电缆敷设布置状态是否符合要求	电缆防火措施缺损、失效	一般	消防隐患
			电缆夹具松动	一般	部件异常
		工作井、隧道、电缆夹层内的电缆与支架或金属构件处有无磨损或放电迹象;衬垫是否脱落;电缆及接头位置是否固定正常;电缆及接头上的防火涂料或防火带是否完好	电缆与支架或金属构件处有放电现象	一般	部件异常
			衬垫失落	重大	部件异常
			电缆接头位置无固定,异常	一般	部件异常
			电缆防火涂料或防火带脱落	一般	消防隐患
		通过桥梁的电缆保护管或槽有无脱开或严重锈蚀等;桥梁上的航标警示灯是否完好;对装设在上下桥和桥梁伸缩缝处的连接装置和电缆,应进行外观检查;如装置有具体检查要求的,按要求进行	保护管脱开或损坏,严重锈蚀	一般	部件异常
			航标警示灯不亮	一般	部件异常
			桥梁伸缩装置异常,不符合要求	一般	部件异常
		水底电缆临近河岸两侧的地方是否有受潮水冲刷的现象,电缆盖板是否移位。两岸的警告牌是否完好,瞭望是否清楚	电缆盖板移位	一般	部件异常
			两岸的警告牌油漆脱落,瞭望不清楚	一般	部件异常
			两岸的警告牌的警示灯不亮	一般	部件异常
	临时保护通道	电缆保护区非永久性异动技术交底表的内容与现状是否相符;电缆保护设施是否正常;电缆本体是否破损;警示标志是否缺失	技术交底表中的交底对象变更,该表未更新,未落实新对象的技术交底工作	一般	外部隐患
			电缆保护设施异常,电缆本体外露		
			电缆本体外护套有破损		
			电缆警示标志缺失		
	电缆本体	对于通过桥梁的电缆,桥架两端电缆是否拖拉过紧;沿线电缆有无异常	电缆拖拉过紧	一般	部件异常
			电缆本体与硬物、尖角直接接触,无保护措施	一般	部件异常
电缆附件	中间接头	中间接头是否过热	温度异常	重大	部件异常
		中间接头是否渗胶	中间接头渗胶	重大	部件异常
		工作井是否完好,盖板是否缺失或损坏	缺少盖板的保护	一般	部件缺损
			被污水泡浸	一般	环境影响
			中间接头井标志缺损	一般	部件缺损

设备	巡视部位	巡视内容	缺陷描述	缺陷分类	
				程度	原因
电缆附件	中间接头	中间接头外观是否正常，摆放位置是否合理，接头两端的电缆是否平直，固定措施是否妥善，标示牌是否完好	中间接头两端的电缆弯曲严重	重大	部件异常
			中间接头的外壳破损	重大	部件缺损
			中间接头固定措施不完善	一般	部件异常
			中间接头的标志牌缺损	一般	部件缺损
	终端头接地	有无发热	表面温度大于50℃	重大	部件异常
			表面温度为40～50℃	一般	
		终端是否正常，套管表面有无放电痕迹	终端头倾斜	重大	部件异常
			瓷套管有严重爬电现象	紧急	污秽、爬电
			瓷套管积污	一般	污秽
			尾管的密封开裂	重大	部件缺损
			有异物挂于终端头及引下线处	紧急	外力障碍
			终端头上方的屏蔽帽损坏、开裂，或生锈严重	重大	部件缺损
			终端底座及台架有铁磁回路	重大	部件异常
		引线和连接点是否有松动或发热现象	终端头连接板过热	紧急	部件异常
			终端头连接板断裂	紧急	部件缺损
			终端头连接板生锈、氧化（严重）	重大	部件锈蚀
		引线形状有无变形，带电距离是否满足	引线形状有变形	一般	部件变形
		相序标识是否明显	相序标识不明显，无相色	一般	标识不清
		电缆命名牌是否正确、完好	电缆命名牌异常	一般	部件缺损
		电缆终端套管有无开裂	套管有破损	重大	部件异常
		终端构架是否牢固	终端构架变形	一般	部件异常
		固定电缆的夹具有无发热	固定电缆的夹具有发热	一般	部件发热
		接地是否正常	接地线断开	紧急	外力障碍
			未可靠接地	重大	部件缺损
			接地电流过大	重大	部件异常
			接地线破损	一般	部件缺损
			接地线发热	重大	部件异常
			接线端子未紧固或断裂	紧急	部件缺损
			接地点没有标志	一般	部件缺损
	工作井	工作井是否正常	破损	一般	部件缺损
			内有垃圾、杂物	一般	环境因素
			井盖缺损	紧急	部件缺损
			无标识	一般	部件缺损
			有污水流入工作井，被污水浸泡	一般	环境因素

6.3 低压接户线及户联线运行与维护

6.3.1 巡视目的

（1）线路的运行、维护工作应贯彻"安全第一，预防为主"的方针，应加强对线路的巡视检查，经常掌握线路的运行状况，及时发现设备的缺陷和威胁线路安全运行的隐患，为线路的检修提供依据。

（2）巡视人员必须熟悉线路、设备运行状况，掌握线路设备在气候温度作用下的变化规律和相应检修标准，熟悉有关规程规定，善于分析运行中出现的异常情况，并提出预防事故的措施。

6.3.2 巡视分类

巡视时要仔细认真，并填好巡视记录。在正常情况下，按规定每1～3个月至少对线路进行一次巡视。当有恶劣的天气时，要进行特殊巡视。根据线路所带负荷情况，可适当进行夜巡。线路的巡视可分为正常巡视、特殊巡视、事故巡视、夜间巡视、监察性巡视等。

6.3.2.1 正常巡视

正常巡视检查的主要内容是线路的运行状况，查看导线、横担、绝缘子、金具以及各种附件的运行状况及有无异常、危险情况发生。

6.3.2.2 特殊巡视

在下列情况发生时要进行特殊巡视：

（1）设备过负荷或负荷有显著增加时。

（2）设备长期停运或经检修后初次投运，以及新设备投运时。

（3）复杂的倒闸操作后或是运行方式有较大的变化时。

（4）在雷雨、大风、霜雪、冰雹、洪水等气候有显著变化时。

6.3.2.3 事故巡视

事故巡视的目的是为了查明线路接地、跳闸原因，找出故障点，事故巡视的内容如下：

（1）导线有无打结、烧伤或断线。

（2）绝缘子有无破损放电，杆塔、拉线等有无被车撞坏。

（3）导线上有无金属悬挂物。

（4）线路下面有无被烧伤的导体。

（5）有无其他外力破坏的痕迹。

（6）当线路发生单相接地、相间短路故障时，以及触电保护器动作时，应立即组织巡视，查明故障情况，组织抢修。

6.3.2.4 夜间巡视

夜间巡视在线路高峰负荷或阴雾天气进行，主要利用夜间的有利条件发现导线接头接点有无发热打火、绝缘子表面有无闪络放电现象。

6.3.2.5 监察性巡视

监察性巡视由运行部门领导和线路专责技术人员进行，也可由专责巡线人员互相交叉进行。目的是了解线路和沿线情况，检查专责人员巡线工作质量，并提高其工作水平。巡视可在春季、秋季安全检查及高峰负荷时进行，可全面巡视，也可抽巡。

6.3.3 巡视周期

规程规定，正常巡视周期为市区公网及专线每月巡视一次，郊区及农村线路每季度至少一次；特殊巡视和事故巡视的周期不做规定，根据实际情况随时进行；夜间巡视周期为公网及专线每半年一次，其他线路每年一次；监察性巡视周期为重要线路和事故多的线路每年至少一次。

6.3.4 巡视内容

6.3.4.1 线路通道的巡视检查

（1）线路上有无搭落的树枝、金属丝、锡箔纸、塑料布、风筝等。

（2）线路周围有无堆放易被风刮起的锡箔纸、塑料布、草垛等。

（3）有无危及线路安全运行的建筑脚手架、吊车、树木、烟囱、天线、旗杆等。

（4）导线对其他电力线路、弱电线路的距离是否符合规定。

（5）有无植树、种竹情况及是否刮蹭绝缘导线。

（6）有无违反《电力设施保护条例》的建筑。

6.3.4.2 接户线、户联线的巡视检查

（1）绝缘线外皮有无磨损、变形、龟裂等。

（2）绝缘护罩扣合是否紧密，有无脱落现象。

（3）各相弧垂是否一致，有无过紧或过松。

（4）引流线最大摆动时对地不应小于 200mm，线间不小于 300mm。

（5）红外监测技术检查触点有无发热现象。

（6）线间距离和对地、对建筑物等交叉跨越距离是否符合规定。

（7）绝缘层有无老化、损坏。

（8）接点接触是否良好，有无电化学腐蚀现象。

（9）绝缘子有无破损、脱落。

（10）支持物是否牢固，有无腐朽、锈蚀、损坏等现象。

（11）弧垂是否合适，有无混线、烧伤现象。

6.3.5 巡视危险点分析及安全注意事项

巡视危险点分析及安全注意事项见表 6-5。

表 6-5　　　　　　　　　巡视危险点分析及安全注意事项

危险点	安全注意事项
触电	（1）巡视时应沿线路外侧行走，大风时应沿上风侧行走。 （2）事故巡视应始终把线路视为带电状态。 （3）导线断落地面或悬吊空中，应设法防止行人靠近断线点 8m 以内，并迅速报告领导等候处理

危险点	安 全 注 意 事 项
其他	（1）巡视工作应由有电力线路工作经验的人员担任。 （2）单独巡视人员应考试合格并经工区［公司（局）、站所］主管生产领导批准。 （3）电缆隧道、偏僻山区和夜间巡视应由两人进行。暑天、大雪天等恶劣天气，必要时由两人进行。单人巡视时，禁止攀登杆塔和铁塔。 （4）雷雨、大风天气或事故巡视，巡视人员应穿绝缘鞋或绝缘靴。 （5）暑天山区巡视应配备必要的防护工具和药品；夜间巡视应携带足够的照明工具。 （6）特殊巡视应注意选择路线，防止洪水、塌方、恶劣天气等对人的伤害。 （7）巡视时，严禁穿凉鞋，防止扎脚。 （8）巡视人员应带一根不短于 1.2m 的木棒，防止动物袭击。 （9）防止摔伤。遇到过沟、崖、墙时，要仔细观察，抓牢踩实，路滑时要慢慢行走。 （10）防止蛇咬。可以带一树棍，边走边打草，打草惊蛇，还应携带必要的蛇药。 （11）防止狗咬。进村庄时，在可能有狗的地方先喊叫，必要时备用棍棒。 （12）防止马蜂蛰。发现马蜂窝不要靠近，更不能碰它。 （13）防止溺水。巡视中不穿过不明深浅的水域或薄冰。 （14）防止迷路。偏僻山区必须两人进行巡视，暑天、大雪天不得单人巡视，新人员不得单人巡视。 （15）遵守交通法规，防止交通事故

6.3.6 巡视记录

（1）按照《架空配电线路及设备运行规程》（SD 292—1988）的规定填写。

（2）巡视种类分别填写正常巡视、特殊巡视、事故巡视、夜间巡视或监察性巡视。

（3）巡视范围应注明线路的名称和线路起止杆号。

（4）巡视发现异常，要把具体缺陷位置和危害程度写入线路运行情况一栏；巡视无异常，则在线路运行情况一栏填写"正常"。

（5）处理意见一栏填写巡视人发现缺陷后对缺陷处理的建议方案。

6.3.7 检测及维护

检测工作是发现设备隐患、开展预知维修的重要手段，方法应正确，数据应准确，检测计划应符合季节性要求，检测资料应妥善保管。

（1）维护项目应按照设备状况，巡视、检测的结果和反事故措施的要求确定，其主要项目及周期参见表 6-6 和表 6-7。

（2）维护工作应根据季节特点和要求安排，要及时落实各项反事故措施。

（3）维护时应对各部件进行检查。

（4）维护工作应符合有关工艺要求及质量标准。

表 6-6　　　　　　　　　　设备常规检测项目与周期

项　　目		周期/年	备　　　注
配电变压器 （低压侧）	低压侧电流		实时监测或高峰负荷时
	避雷器的绝缘电阻、工频放电试验	1～3	按规定周期或根据巡视发现的问题

项 目		周期/年	备 注
配电屏(柜)、配电箱	接地电阻		根据巡视发现的问题
	仪表指示		巡视时进行观测，必要时用电工仪表检测
	连接点、母线温度		巡视时进行观测，必要时进行红外检测
	操作机构灵活性		根据运行发现的问题
剩余电流动作保护装置	动作特性试验		按规定周期、超年限或连续性不明原因动作时
杆塔	钢筋混凝土杆裂缝		根据巡视发现的问题
	杆塔、铁件锈蚀情况检查	3~5	对杆塔进行防腐处理后应做现场检验
	杆塔地下部分（金属基础、拉线装置、接地装置）锈蚀情况检查	5	抽查，包括挖开地面检查
	杆塔倾斜及基础沉降测量		根据实际情况选点测量
	钢管塔		应满足钢管塔的要求
绝缘子	绝缘子金属附件检查	2	投运后第5年开始抽查
	瓷绝缘子裂纹、钢帽裂纹、闪烁灼伤		每次清扫时
	合成绝缘子伞裙、护套、粘接剂老化、破损、裂纹；金具及附件锈蚀	2~3	根据运行情况
导线及电缆	导线接续金具的温度测试，包括： (1) 直线接续金具。 (2) 不同金属接续金具。 (3) 并沟线夹、跳线连接板、压接式耐张线夹		应在线路负荷较大时抽测
	导线烧伤、振动断股和腐蚀检查	2	抽查导线线夹，应及时打开检查
	导线舞动观测		在舞动发生时应及时观测
	导线弧垂、对地距离、交叉跨越距离测量		线路投入运行1年后测量1次，以后根据巡视结果决定
	绝缘导线的相间、对地绝缘		根据运行情况
	电缆线路的相间、对地绝缘		根据运行情况
	电缆中间接头、终端头的温度测试	1	应在线路负荷较大时抽测或根据运行情况
金具	金具锈蚀、磨损、裂纹、变形检查		根据运行情况，外观难以看到的部位，要打开螺栓、垫圈检查或用仪器检查
接地装置	TN-C系统中的重复接地电阻		按规定周期或电压异常时
	外露可接近导体的接地电阻		有必要时
其他	防冻、防冰雪、防洪、防风沙、防水、防鸟设施检查	1	清扫时进行

注：1. 检测周期可根据本地区实际情况进行适当调整，但应经本单位总工程师批准。

  2. 检测项目的数量及内容可由运行单位根据实际情况选定或增加。

表 6-7　　　　　　　　　　　　　　维护的主要项目及周期

序号	项　目	周期/年	备　注
1	配电室和配电箱的门、窗、锁维护	1	根据巡视结果随时进行
2	防水、防火、通风、照明等设施维护，设备防锈、防腐蚀		根据巡视结果随时进行
3	防小动物措施整修	1	根据巡视结果随时进行
4	电缆盖板、标桩维护		根据巡视结果随时进行
5	卫生清理		根据需要随时进行
6	金属杆塔基础紧固螺栓	5	投运 1 年后需紧固 1 次，之后按周期进行
7	混凝土杆、拉线、电缆沟槽等基础覆土或加固		新线路建成 3 个月后，以后根据巡视结果及时进行
8	砍修剪植物	1	根据巡视结果确定，发现危急情况随时进行
9	维护通道清理	1	根据现场需要随时进行
10	蜂、鸟巢拆除，异物清理	1	根据需要随时进行
11	各类标识整修		根据需要随时进行
12	配电箱、表箱等固定修正		根据巡视结果随时进行
13	接地装置和防雷设施维护		根据巡视结果随时进行

注：维护项目和周期可根据本地区实际情况进行适当调整或补充。

第7章 配变低压一体箱运行与维护

7.1 配变低压一体箱运行与维护

7.1.1 巡视

7.1.1.1 基本巡视内容

（1）总负荷及各分路负荷与仪表的指示值是否对应，三相负荷是否平衡，三相电压是否平衡，电路末端的电压降是否超过规定。

（2）各部位连接点（包括母线连接点）有无过热、螺母有无松动或脱落、发黑现象；整个装置的各部位有无异常响动或异味、焦煳味；装置和电器的表面是否清洁完整，接地连接是否正常良好。

（3）绝缘子有无损伤、歪斜或放电现象及痕迹，母线固定卡子有无松脱。

（4）一体箱体门窗是否完整，通风和环境温度、湿度是否满足电气设备的要求；下雨时，一体箱内是否渗漏雨水或是否有渗漏痕迹。

7.1.1.2 巡视人员要求

（1）巡视人员应随身携带安全教育卡及常用工作、备件和个人防护用品。

（2）巡视人员在巡视检查电气设备时，要核对命名、标识等，并在满足安全规程与确保安全的前提下，进行维护和简单的消缺工作，如箱体上有蔓藤、树枝等工作。

（3）巡视人员应认真填写巡视记录，包括气象条件、巡视人、巡视日期及缺陷情况记录。

（4）巡视人员在发现紧急（危急）缺陷时应立即向相关负责人或相关单位汇报，并协助做好消缺工作；发现影响安全的施工作业情况应立即开展调查，做好现场宣传、劝阻工作，并书面通知施工单位；巡视发现的问题要及时进行记录、分析、汇总，重大问题应及时向有关部门汇报。

7.1.2 主要元件运行与维护

7.1.2.1 隔离开关的运行与维护

（1）检查负荷电流是否超过隔离开关的额定值。

（2）检查隔离开关是否有动、静触头连接不实，静触片闭合力不够或开关合闸不到位的故障。

（3）检查隔离开关电源侧和负荷侧，进出线端子与开关连接处是否压接牢固，有无接触不实，过热变色等现象。

（4）检查绝缘连杆、底座等绝缘部分有无损坏和放电现象。

（5）检查动、静触头有无烧伤或缺损，灭弧罩是否清洁完整。

（6）检查隔离开关三相闸刀在分合闸时，是否同时接触或分开，触头接触是否紧密。

（7）操作机构应完好、动作应灵活，分合闸位置应准确到位。顶丝、销钉、拉杆等均应完好，无缺损、断裂。

（8）对刀熔开关，特别注意调整其同相位内的上下触头同时闭合和上下触点间的中心位置，以使其接触紧密。

7.1.2.2　低压断路器的运行与维护

配变低压一体箱由于机构和箱体的限制，一般采用的是塑壳断路器（又称为装置式断路器），塑壳断路器日常维护要求如下：

（1）必须严格按说明书规定安装塑壳断路器。

（2）对环境有特殊要求的塑壳断路器（恒温、恒湿、防震、防尘）企业应采取相应措施，确保设备精度性能。

（3）塑壳断路器在日常维护保养中不许拆卸零部件，发现异常立即停车，不容许带病运转。

（4）严格执行设备说明书规定的切削规范，只容许按直接用途进行零件精加工。加工余量应尽可能小，加工铸件时，毛坯面应预先喷砂或涂漆。

（5）非工作时间应加护罩，长时间停歇时应定期进行擦拭、润滑、空运转。

（6）附件和专用工具应有专用地方搁置，保持清洁，防止碰伤，不得外借。

7.1.2.3　电流互感器的运行与维护

电流互感器在运行过程中，运行人员要定期对其进行维护检查，通常采用目测、耳听和鼻嗅三种方法进行检查，具体检查内容有以下各项。

1. 目测检查

（1）接线端子是否过热、变色；一、二次回路接线应牢固，各接头无松动现象。

（2）套管是否清洁，有无裂纹和闪络痕迹。

（3）检查二次侧接地是否牢固，二次侧的仪表等接线是否紧密，检查二次端子是否接触良好，有无开路放电或打火。

（4）检查端子箱是否清洁，有无杂物。

2. 耳听检查

（1）否有异常音响。

（2）电流互感器有无由于固定不紧而产生较大的嗡嗡声。

（3）有无由于二次开路产生异常声响等。

3. 鼻嗅检查

（1）检查是否因有过负荷而产生的焦煳味。

（2）检查是否有由于接线端子接触不良引起放电产生的臭氧味等。

7.1.2.4　电容器的运行与维护

（1）电容器应按照周期顺序来巡查，并记录完整的资料，至少半月一次左右，夏季在温度最高时巡查，其他时间则在电压最高时巡查。需要仔细检查的内容如下：

1）电容器外壳是否膨胀，是否有漏油、渗漏现象。

2）电容器外壳是否有放电痕迹，其内部是否有放电声或其他异常声响。

3）电容器的部件是否完整，引出端子出现瓷套管是否松动，出线瓷套管是否有裂痕和漏油，瓷釉有无脱落。

4）电压表电流表所记录的数据时间正确等方面。

（2）运行的电容器应该按周期巡视停电检查，电容器的检查每季度一次，另外，电容器套管的放电情况、电容器接头温度、风道清洁方面、电容器外壳是否膨胀与漏油、电容器熔断方面的维护等都是检查中的重点。

7.2　低压配电柜运行与维护

7.2.1　低压配电柜的巡视检查周期

低压配电柜的巡视检查周期为每季度巡视一次。

7.2.2　巡视检查的内容

巡视检查的主要内容如下：

（1）仪表信号、开关位置状态的指示要对应，三相负荷、三相电压指示正确。

（2）整个装置的各部位有无异常响动或异味、焦煳味；装置和电器的表面是否清洁完整。

（3）易受外力震动和多尘场所，应检查电气设备的保护罩、灭弧罩有无松动、是否清洁。

（4）低压配电室的门窗是否完整，通风和室内温度、湿度应满足电器设备的要求。

（5）室内照明完好，备品、备件是否满足运行维修的要求，安全用具及携带式仪表是否符合使用要求。

（6）断路器、接触器的电磁线圈吸合是否正常，有无过大噪声或线圈过热。

（7）异常天气或发生故障及过负荷运行时应加强检查、巡视。

（8）设备发生故障后，重点检查熔断器及保护装置的动作情况，以及事故范围内的设备有无烧伤或毁坏情况，有无其他异常情况等。

（9）低压配电装置的清扫检修一般每年不应少于两次。其内容除清扫和测试绝缘外，主要检查各部位连接点和接地点的紧固情况及电器元件有无破损或功能欠缺等，并应妥善处理。

7.2.3　巡视人员要求

对巡视人员的要求主要如下：

（1）巡视人员应随身携带安全教育卡及常用工作、备件和个人防护用品。

（2）巡视人员在巡视检查电气设备时，要核对命名、标识等，并在满足安全规程与确保安全的前提下，进行维护和简单的消缺工作，如清除箱体上的蔓藤、树枝等工作。

（3）巡视人员应认真填写巡视记录，包括气象条件、巡视人、巡视日期及缺陷情况记录。

（4）巡视人员在发现紧急（危急）缺陷时应立即向相关负责人或相关单位汇报，并协助做好消缺工作；发现影响安全的施工作业情况时应立即开展调查，做好现场宣传、劝阻工作，并书面通知施工单位；巡视发现的问题要及时进行记录、分析、汇总，重大问题应及时向有关部门汇报。

7.3 低压电缆分接箱运行与维护

7.3.1 运行要求

运行要求主要包括：

（1）所有的电气设备安装均应符合电气设备安装规程要求，并有安装记录、设备交接试验记录、竣工图纸资料以及设备合格证。

（2）低压电缆分支箱内应有电气一次接线图，电脑打印，压膜张贴。

（3）所有进出线管孔应封堵严密，电缆沟无积水。

（4）低压电缆分支箱的柜门上应有双重名称、电压等级，所有设备均有警告标志牌。

（5）所有进出线应有名称，开关应有编号，电缆上应挂牌，标明电缆型号、规格长度、起止点等。

（6）所有设备应定期（每两个月一次）、定人（设备管理人）进行巡视。巡视须两人进行，并遵守安规相关要求。

7.3.2 巡视内容

巡视内容主要包括：

（1）各种标示（警示牌、名称编号牌、制造厂家铭牌等）是否齐全、正确，柜门是否完好。

（2）箱内套管有无受力变形现象；有无破损、裂纹、严重污秽、闪络放电痕迹。

（3）箱内有无异常声响及气味，各种仪表指示是否正常。

（4）封堵是否严密，有无小动物进入痕迹。

（5）电缆终端热、冷缩加长管口部位有无开裂。

（6）设备周围有无危及设备安全的隐患。

（7）低压分支箱的柜门均应上锁。

（8）低压分支箱的电缆终端头应进行红外测温，测量周期每六个月至少一次。除正常巡视外，根据设备、负荷、气候情况及节假日或有重要保电任务时，应安排特殊巡视、夜间巡视和测温，并有相应记录。

（9）所有设备应配备相应的备品、备件，定期清扫，保持部件齐全，照明完好，环境清洁。

（10）所有设备的接地装置连接应牢固可靠，无锈蚀损坏现象；每条电缆的接地线应做接地处理，不得将几根接地线捆扎后做一点接地。

（11）在潮湿的环境应配备抽湿机或加热除湿设备。

（12）所有电气设备应按电气设备预防性试验规程及有关规定进行预试，并按计划进行检修。

（13）电缆分支箱内电缆带电插拔应先切断负荷后方可进行。

（14）低压电缆分支箱内有电流互感器的，如未接线，不能开路。

（15）电缆分支箱内电缆母排预留时应加装保护帽。

7.4 低压电缆分接箱

7.4.1 运行要求

运行要求主要包括：

（1）所有的电气设备安装均应符合电气设备安装规程要求，并有安装记录、设备交接试验记录、竣工图纸资料以及设备合格证。

（2）低压电缆分支箱内应有电气一次接线图，电脑打印，压膜张贴。

（3）所有进出线管孔应封堵严密，电缆沟无积水。

（4）低压电缆分支箱的柜门上应有双重名称、电压等级，所有设备均有警告标志牌。

（5）所有进出线应有名称，开关应有编号，电缆上应挂牌，标明电缆型号、规格长度、起止点等。

（6）所有设备应定期（每两个月一次）、定人（设备管理人）进行巡视。巡视须两人进行，并遵守安规相关要求。

7.4.2 巡视内容

巡视内容主要包括：

（1）各种标示（警示牌、名称编号牌、制造厂家铭牌等）是否齐全、正确，柜门是否完好。

（2）箱内套管有无受力变形现象；有无破损、裂纹、严重污秽、闪络放电痕迹。

（3）箱内有无异常声响及气味，各种仪表指示是否正常。

（4）封堵是否严密，有无小动物进入痕迹。

（5）电缆终端热、冷缩加长管口部位有无开裂。

（6）设备周围有无危及设备安全的隐患。

（7）低压分支箱的柜门均应上锁。

（8）低压分支箱的电缆终端头应进行红外测温，测量周期每 6 个月至少一次。除正常巡视外，根据设备、负荷、气候情况及节假日或有重要保电任务时，应安排特殊巡视、夜间巡视和测温，并有相应记录。

（9）所有设备应配备相应的备品、备件，定期清扫，保持部件齐全，照明完好，环境清洁。

（10）所有设备的接地装置连接应牢固可靠，无锈蚀损坏现象；每条电缆的接地线应做接地处理，不得将几根接地线捆扎后做一点接地。

（11）在潮湿的环境应配备抽湿机或加热除湿设备。

（12）所有电气设备应按电气设备预防性试验规程及有关规定进行预试，并按计划进行检修。

（13）电缆分支箱内电缆带电插拔应先切断负荷后方可进行。

（14）低压电缆分支箱内有电流互感器的，如未接线，不能开路。

（15）电缆分支箱内电缆母排预留时应加装保护帽。

7.5　电表箱运行与维护

7.5.1　多表位表箱

为便于管理，多表位单相表箱内的开关、电能表必须分别装设在独立的区域内，电能表室、开关室应分别装设单独开启的门，能够加挂专用锁和一次性防窃电施封锁，方便表箱加锁封闭，同时锁鼻便于维修。

7.5.2　表前开关

表前开关选用无跳闸功能的隔离开关，安装在表箱的开关室内，不容许用电客户操作此开关。

7.5.3　表后开关

表后开关选用有过流保护跳闸功能的开关，开关的操作手柄外露，在电能表室门不被打开的情况下容许用电客户进行停送电操作。

7.5.4　表箱闭锁

表箱的进线开关室、电能表室室门必须设置专用门锁，锁具应有一定的防盗、防撬性能，宜通过相应的安全认证，门锁外需有一定的防护措施；进线开关室、电能表室采用一把锁控制，平时运行时非授权不能正常打开。非金属表箱锁耳损坏后应能更换。另电能表室需封铅，锁封处应具有防护措施，以便规范管理。

7.5.5　巡视检查周期

每三个月至少一次。

7.5.6　巡视检查的主要内容

巡视检查的主要内容如下：

（1）表箱安装是否牢固，对地距离是否符合规定，是否妨碍行人、车辆的通行；有无被雨水冲刷的现象，固定处的墙体有无破损。

（2）非金属表箱有无老化；金属表箱是否锈蚀、外壳接地是否良好，接地电阻是否小于 30Ω。

（3）表箱外壳有无变形、破损，进出线孔洞封堵、门锁是否完好，有无异物；观察窗是否完整、清晰。

（4）表计安装是否牢固；倾斜是否超过规定值。

（5）表计、表箱的封印、标识是否齐全完好。

（6）表箱内的电气装置连接是否良好，有无过热现象、螺母有无松动或脱落、发黑现象。

（7）表计的接线是否正确，运转是否正常，有无异声、异味、发黄、烧坏等现象。

（8）表计进出线有无绝缘老化、露芯、过热烧坏等现象。

（9）用电信息采集系统运行是否正常。

（10）有无违约、窃电现象。

（11）有无危及安全运行的其他情况。

7.5.7　巡视人员要求

（1）巡视人员应随身携带安全教育卡及常用工作、备件和个人防护用品。

（2）巡视人员在巡视检查电气设备时，要核对命名、标识等，并在满足安全规程与确保安全的前提下，进行维护和简单的消缺工作，如清除箱体上的塑料袋、异物等工作。

（3）巡视人员应认真填写巡视记录，包括气象条件、巡视人、巡视日期及缺陷情况记录。

（4）巡视人员在发现紧急（危急）缺陷时应立即向相关负责人汇报，并协助做好消缺工作。

第8章 防雷设施、接地装置、构筑物及基础运行与维护

8.1 防雷设施运行与维护

8.1.1 巡视

防雷设施的巡视结合低压线路及设备的巡视一同开展，分为日常巡视和特殊巡视两类。

8.1.1.1 日常巡视

（1）瓷套应清洁，无裂纹、破损、放电痕迹。

（2）避雷器内部无响声。

（3）引线无松股、断股、烧伤痕迹。

（4）均压环应平正，无松动、歪曲。

（5）接地应良好，无锈蚀。

（6）在线监测仪的动作记录器密封应良好，动作记录有无变化，全电流指示数与初始值无大变异。

8.1.1.2 特殊巡视

（1）天气异常或雷雨后巡视项目：瓷套无裂纹、破损、放电痕迹；在线监测仪的动作记录器密封良好；抄录指示数读数。

（2）过电压运行巡视项目：瓷套无裂纹、破损、放电痕迹；上部和底部的压力释放装置应完好；无异常声音；在线监测仪的动作记录器密封良好；指示数与初始值无大变异。

（3）有严重缺陷巡视项目：检查母线电压正常；瓷套裂纹或破损处无放电痕迹；在线监测仪的动作记录器密封良好，指示数与初始值无大变异；缺陷无加速发展的趋势。

（4）节假日：按日常巡视项目进行。

（5）夜间巡视：瓷套应清洁，无裂纹、破损、放电痕迹；无异常声音。

8.1.2 检查和维护

（1）防雷装置引雷部分、接地引下线和接地体三者之间连接良好。

（2）运行中应定期测试接地电阻，接地电阻应符合规定要求。

（3）避雷器应定期做好预防性试验。

（4）避雷针、避雷线及其接地线无机械损伤和锈蚀现象。

（5）避雷器绝缘套管应完整，表面应无裂纹、无严重污染和绝缘剥落现象。

（6）定期抄录放电记录器所指示的避雷器的动作次数，避雷器在每年雷雨季前应检查

放电计数器动作情况，并进行测试，测试 3~5 次，均应正常动作，测试后计数器指示应调到"0"。

（7）加强技术管理。对运行在网上的每一只氧化锌避雷器建立技术档案，对出厂报告、定期测试报告及在线监测仪的运行记录均要存入技术档案，直至该避雷器退出运行。

此外，在每年的雷雨季节来临之前，应进行一次全面的检查、维护，并进行必要的电气预防性试验。

8.1.3 避雷器的试验项目

8.1.3.1 避雷器绝缘电阻试验

避雷器绝缘电阻试验接线如图 8-1 所示。根据所测量的绝缘电阻大小可判断避雷器内部是否受潮以及密封情况，对于 FZ 型避雷器，还可以判断其并联电阻是否断裂等。若避雷器内部因密封不良而使元件受潮，则其绝缘电阻值会显著下降。因此在测量前，应先用干净抹布将避雷器瓷

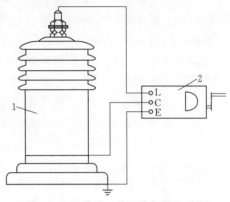

图 8-1　避雷器绝缘电阻试验接线图
1—避雷器；2—兆欧表

套表面擦拭干净，然后使用 2500V 兆欧表进行测量。测量方法是，将兆欧表的两个测量端子接在避雷器的两极上，并应将避雷器垂直放稳，不应横放在地面上。

8.1.3.2 避雷器工频放电电压试验

避雷器工频放电电压试验接线如图 8-2 所示。在高压侧直接用静电电压表测量电压比较直观，准确度较高。保护电阻 R 要选用得当，如果 R 值过大会使所测的被试物击穿电压值偏高。此外，在升压过程中速度不宜过快，以免引起测量误差。

8.1.3.3 避雷器泄漏（电导）电流试验

避雷器泄漏（电导）电流试验接线如图 8-3 所示。若避雷器密封不好，电阻元件受潮，泄漏电流将急剧增大。若并联电阻断线，则泄漏电流将显著降低。试验前，应将被试避雷器尽可能靠近试验设备，使回路接线尽可能短，以减少回路本身的泄漏电流；微安表也应尽可能靠近避雷器，以减少试验回路的影响。在试验时，必须首先测量回路本身的泄漏电流（不接避雷器），然后从测量结果中减去这一数值。测量加在避雷器上的直流电压可以采用不同的方法，图 8-3 是利用外加电阻 R_2 串联微安表作电压测量。当 I_1 的数值达到校正的数值时，即相当于电压达到了要求值，这时 I_1 的数值即为被试避雷器 F 的泄漏电流值。

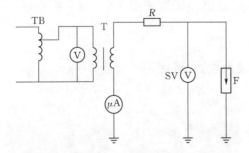

图 8-2　避雷器工频放电电压试验接线图

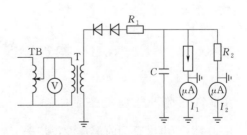

图 8-3　避雷器泄漏（电导）电流试验接线图

121

8.2 接地装置运行与维护

8.2.1 接地装置的检查

接地装置在日常运行时容易受自然界及外力的影响与破坏，致使接地线发生锈蚀中断、接地电阻变化等现象，这将影响电气设备和人身安全。因此，在正常运行中的接地装置应该有正常的管理、维护和周期性的检查、测试和维修，以确保其安全性能。接地装置检查具体内容如下：

（1）接地线有无折断、损伤或严重腐蚀。

（2）接地支线与接地干线的连接是否牢固。

（3）接地点土壤是否因受外力影响而有松动。

（4）重复接地线、接地体及其连接处是否完好无损。

（5）检查全部连接点的螺栓是否有松动，并应逐一加以紧固。

（6）挖开接地引下线周围的地面，检查地下 0.5m 左右地线受腐蚀的程度，若腐蚀严重，应立即更换。

（7）检查接地线的连接线卡及跨接线等的接触是否完好。

8.2.2 降低接地电阻值的方法

在电阻系数较高的砂质、岩盘等土壤中，要达到所要求的接地电阻值往往会有一定困难，在不能利用自然接地体的情况下，只有采用人工接地体。降低人工接地体电阻值的常用方法如下：

（1）换土。用电阻率较低的黏土、黑土或砂质黏土替换电阻率较高的土壤。

（2）深埋。若接地点的深层土壤电阻率较低，可适当增加接地体的埋设深度，最好埋到有地下水的深处。

（3）外引接地。由金属引线将接地体引至附近电阻率较低的土壤中。

（4）化学处理。在接地点的土壤中混入炉渣、废碱液、木炭、炭黑、食盐等化学物质或采用专门的化学降阻剂，均可有效地降低土壤的电阻率。

（5）保水。将接地极埋在建筑物的背阳面或较潮湿处。

（6）延长。延长接地体，增加与土壤的接触面积，以降低接地电阻。

（7）对冻土处理。在冬天向接地点的土壤中加泥炭，防止土壤冻结，或将接地体埋在建筑物的下面。

8.3 构筑物及基础运行与维护

8.3.1 巡视检查的主要内容

8.3.1.1 电缆管沟内部及设备基础

（1）结构本体有无形变，附属设施及标识标示是否完好。

（2）结构内部是否存在坍塌、盗窃、积水等隐患。

（3）结构内部是否存在温度超标杂物堆积等缺陷，缆线孔洞的封堵是否完好。

（4）电缆固定金具是否齐全。

（5）保护区内是否存在未经批准的穿管施工。

（6）电缆井是否有积水、杂物现象。

8.3.1.2 构筑物及附属设施

（1）建筑物内及周围有无杂物堆放，室内是否清洁等。

（2）建筑物的门、窗、钢网有无损坏，房屋、设备基础有无下沉、开裂，屋顶、夹层有无漏水、积水，沿沟有无堵塞。

（3）电缆盖板、夹层爬梯有无破损、松动、缺失，进出管沟封堵是否良好，防小动物设施是否完好。

（4）进出通道及吊装口是否畅通，室内温度、湿度是否正常，有无异声、异味。

（5）室内消防、照明设备、常用工器具是否完好齐备、摆放整齐，除湿、通风、排水设施是否完好。

（6）标识标示、一次接线图等是否清晰、正确。

8.3.2 维护的主要内容

8.3.2.1 电缆通道维护

（1）修复破损的井盖，补全缺失的井盖。

（2）加固保护管沟，调整管沟标高。

（3）封堵电缆孔洞，补全、修复防火阻燃措施。

（4）修复锈蚀的电缆支架，更换或补全缺失、破损、严重锈蚀的支架部件。

（5）清除电缆通道内部堆积的杂物。

（6）及时清理电缆隧道、井室内积水，避免接头浸泡在水中。

（7）补全、修复电缆固定装置。

8.3.2.2 构筑物维护

（1）清理站所内外杂物，修缮、平整运行通道。

（2）修复破损的遮（护）栏、门窗、防护网、防小动物挡板等。

（3）补全、修复缺失或破损的一次接线图。

（4）更换不合格消防器具、常用工器具。

（5）修复出现性能异常的照明、通风、排水、除湿等装置。

（6）修复屋面及夹层渗漏。

第9章　低压配电线路设备缺陷及
评级管理

9.1　缺　陷　管　理

缺陷及隐患管理的目的是为了掌握运行设备存在的问题，以便按轻重缓急消除缺陷及隐患，提高设备的健康水平，保障线路及设备的安全运行。同时对缺陷进行全面分析，总结变化规律，为改造、大修提供依据。

9.1.1　缺陷分类

缺陷分为一般缺陷、重大缺陷、紧急缺陷三类。

9.1.1.1　一般缺陷

一般缺陷是指对近期安全运行影响不大的缺陷。可列入年、季检修计划或日常维护工作中予以消除。

9.1.1.2　重大缺陷

重大缺陷是指缺陷比较严重，但设备仍可短时间继续运行的缺陷。该缺陷应在短期内消除，消除前应加强监视。

9.1.1.3　紧急缺陷

紧急缺陷是指严重程度已使设备不能继续安全运行，随时可能导致发生事故或危及人身安全的缺陷，必须尽快消除或采取必要的安全技术措施进行临时处理。

9.1.2　缺陷处理原则

缺陷处理应坚持及时、闭环的原则。其一般流程为：发现缺陷，缺陷登记，填写缺陷单，审核并上报，缺陷汇总，制定并下达消缺计划，检修消缺，消缺反馈，建立消缺资料，台账更新，资料保存。缺陷管理实行网上流转的，也应按以上闭环管理流程从网上进行流转管理。

（1）紧急缺陷消除时间不得超过24h，重大缺陷应在7天内消除，一般缺陷可结合检修计划尽早消除，但应处于可控状态。

（2）设备带缺陷运行期间，运行单位应加强监视，必要时制定相应的应急措施。

（3）运行单位定期开展缺陷统计分析工作，及时掌握缺陷消除情况，分析缺陷产生的原因，有针对性地采取相应措施。

（4）事故隐患排查治理应纳入日常工作中，按照"（排查）发现、评估、报告、治理（控制）、验收、销号"的流程形成闭环管理。

9.1.3 常见缺陷

9.1.3.1 绝缘导线的常见缺陷

（1）绝缘线外皮有磨损、变形、龟裂等。

（2）绝缘护罩扣合不紧密或有脱落现象。

（3）各相弧垂不一致，过紧或过松。

（4）引流线最大摆动时对地小于200mm，线间小于300mm。

（5）沿线树枝剐蹭绝缘导线。

（6）红外监测技术检查触点有发热现象。

9.1.3.2 杆塔的常见缺陷

（1）杆塔倾斜（混凝土杆：转角杆、直线杆不应大于15mm/1000mm，转角杆不应向内角倾斜，终端杆不应向导线侧倾斜，向拉线侧倾斜应小于200mm；铁塔：50m以下不应大于10mm/1000mm，50m以上不应大于5mm/1000mm）；铁塔构件发生弯曲、变形、锈蚀；螺栓松动；混凝土杆出现裂纹（不应有纵向裂纹，横向裂纹不应超过1/3周长，且裂纹宽度不应大于0.5mm）、酥松、钢筋外露、焊接处开裂、锈蚀。

（2）基础损坏、下沉或上拔，周围土壤被挖掘或沉陷，寒冷地区杆塔发生冻鼓现象。

（3）杆塔位置不合适，有被车撞的可能，或有被水淹、冲刷的可能，杆塔周围防洪设施损坏、坍塌。

（4）杆塔标志（杆号、相位警告牌等）不齐全、不明显。

（5）杆塔周围有杂草和蔓藤类植物附生。有危及安全的鸟巢、风筝及杂物。

9.1.3.3 横担和金具的常见缺陷

（1）横担锈蚀（锈蚀面积超过1/2）、歪斜（上下倾斜、左右偏歪不应大于横担长度的2%）、变形。

（2）金具锈蚀、变形；螺栓松动、缺帽；开口销锈蚀、断裂、脱落。

9.1.3.4 绝缘子的常见缺陷

（1）绝缘子脏污，出现裂纹、闪络痕迹，表面硬伤超过$1cm^2$，绑扎线松动或断落。

（2）绝缘子歪斜，紧固螺丝松动，铁脚、铁帽锈蚀、弯曲。

9.1.3.5 接户线、户联线的常见缺陷

（1）线间距离和对地、对建筑物等交叉跨越距离不符合规定。

（2）绝缘层老化、损坏。

（3）接点接触不好，有电化腐蚀现象。

（4）绝缘子破损、脱落。

（5）支持物不牢固，有腐朽、锈蚀、损坏等现象。

（6）弧垂不合适，有混线、烧伤现象。

9.1.3.6 线路保护区常见缺陷

（1）线路上有搭落的树枝、金属丝、锡箔纸、塑料布、风筝等。

（2）线路周围堆放有易被风刮起的锡箔纸、塑料布、草垛等。

（3）沿线有易燃、易爆物品和腐蚀性液体、气体。

（4）有危及线路安全运行的建筑脚手架、吊车、树木、烟囱、天线、旗杆等。

（5）线路附近敷设管道、修桥筑路、挖沟修渠、平整土地、砍伐树木及在线路下方修房栽树、堆放土石等。

（6）线路附近有新建的污染源及打靶场、开石爆破等不安全现象。

9.2 评 级 管 理

（1）运行单位应按《浙江电网低压线路及设备评级标准》（Q/GDW-11-122—2007）的规定，制定低压线路及设备的评级管理制度，做好低压线路及设备的评级工作。

（2）运行班组的评级结果需经上级主管部门审核确认，升级措施应列入年度（月度）大修或改造计划予以实施。

第10章 低压配电设备操作

10.1 配电一体箱操作

(1) 检查用户表计指示是否容许拉闸；拉开插尾及空气开关。
(2) 拉开负荷侧开关。
(3) 拉开电源侧开关。
(4) 拉开电容器的隔离开关。
(5) 按照检修工作票要求布置安全措施。
(6) 停电操作和验电挂接地线必须两人进行，一人操作，一人监护。
(7) 根据停电步骤停电，进行验电，装设接地线，悬挂标志牌，装设遮栏。

10.2 电缆分接箱操作

(1) 检查外观、元器件、接地是否连接完好。
(2) 拉开负荷侧开关。
(3) 按照检修工作票要求布置安全措施。
(4) 停电操作和验电挂接地线必须两人进行，一人操作，一人监护。
(5) 根据停电步骤停电，进行验电，装设接地线，悬挂标志牌，装设遮栏。

10.3 电表箱操作

10.3.1 通电操作试验

(1) 试验前，需认真检查表箱内部接线，符合电气原理图，确认所有接线正确无误，绝缘电阻符合要求后再进行通电试验。
(2) 元器件通电后出线端应有电压且正确。
(3) 电器元件开关分合试验没有卡住或操作过负荷现象。
(4) 对于漏电型元件，启动试验按钮应有保护动作现象。
(5) 确认各路出线、开关与表连接相对应，不能混淆、错位。
(6) 通电操作时应注意安全，防止发生触电事故。

10.3.2 表箱停电操作

10.3.2.1 非金属表箱
(1) 核对表箱名称、编号。

（2）确认进线开关、表计、出线开关处于运行状态。

（3）拉开出线开关。

（4）拉开进线开关。

10.3.2.2 金属表箱

（1）核对表箱名称、编号。

（2）对箱体外壳进行验电。

（3）确认进线开关、表计、出线开关处于运行状态。

（4）拉开出线开关。

（5）拉开进线开关。

10.3.3 表箱送电操作

（1）核对表箱名称、编号。

（2）确认进线开关、表计、出线开关处于检修状态。

（3）合上进线开关。

（4）合上出线开关。

（5）对出线开关下桩头进行验电。

第11章 低压配电线路检修

11.1 架空线路检修

11.1.1 杆塔的更换

11.1.1.1 拆除旧杆塔

(1) 做好防止倒杆措施。在要更换的杆塔两侧第一基杆的横担处，分别设置好防止倒杆的临时拉线。

(2) 吊车进入合适位置，杆上人员绑好承力吊点，利用吊车将杆塔身固定。吊点应挂在不妨碍杆上人员工作的地方，且必须在杆身和所装材料的重心以上的位置。锥型杆塔重心简便估算公式为

$$混凝土杆塔重心距根部的距离＝混凝土杆塔长×0.4＋0.5$$

(3) 拆除杆塔两侧的导线。拆除导线顺序为：先拆除中相导线，再拆除两边相导线。

(4) 导线全部拆除后，工作人员把所用工具全部卸下，用绳索传至地面。

(5) 杆上人员与地面人员拆除杆塔拉线。

(6) 拆除旧杆塔。

(7) 把杆身周围的防沉土台挖开。

(8) 吊车司机在工作负责人的指挥下，操纵吊车，缓慢将杆塔拔出地面，利用拉开导线的空当，把杆塔先放倒在地面上；再移动承力吊点到重心位置，用吊车把杆塔放在已经准备好的空地上。

11.1.1.2 组立新杆塔

(1) 利用挖坑工具把原杆坑挖深、挖大，满足埋深要求。

(2) 吊车司机在工作负责人的指挥下操纵吊车，吊起新杆塔，承力吊点应在杆身重心以上位置。杆塔在杆梢吊起至地面1m处时，停止起吊，检查各部受力情况正常后，继续起吊杆塔。

(3) 将杆塔吊入杆坑，并顺直后，填土夯实。

(4) 人员登杆，安装横担、绝缘子、拉线等。

11.1.1.3 起线

(1) 起线顺序：先起两边相导线，再起中相导线。若导线有损伤，应按规定进行修补。

(2) 工作完毕后，拆除转角杆两侧第一基直线杆的临时拉线。

11.1.2 导线的连接

导线连接工作是室外作业项目，要求天气良好，无雷雨，风力不超过6级。

11.1.2.1 钳压法施工（绝缘导线）

（1）将钳压管的喇叭口锯掉并处理平滑。

（2）剥去接头处的绝缘层、半导体层，剥离长度比钳压接续管长 60～80mm。线芯端头用绑线扎紧，锯齐导线。

（3）将接续管、线芯清洗并涂导电膏。

（4）按规定的压口数和压接顺序压接，压接后按钳压标准矫直钳压接续管。

（5）需进行绝缘处理的部位清洗干净，在钳压管两端口至绝缘层倒角间用绝缘自粘带缠绕成均匀弧形，然后进行绝缘处理。

11.1.2.2 液压法施工

（1）剥去接头处的绝缘层、半导体层，线芯端头用绑线扎紧，锯齐导线，线芯切割平面与线芯轴线垂直。

（2）铝绞线接头处的绝缘层、半导体层的剥离长度，每根绝缘线比铝接续管的 1/2 长 20～30mm。

（3）钢芯铝绞线接头处的绝缘层、半导体层的剥离长度，当钢芯对接时，其一根绝缘线比铝接续管的 1/2 长 20～30mm，另一根绝缘线比钢接续管的 1/2 和铝接续管的长度之和长 40～60mm；当钢芯搭接时，其一根绝缘线比钢接续管和铝接续管长度之和的 1/2 长 20～30mm，另一根绝缘线比钢接续管和铝接续管的长度之和长 40～60mm。

（4）将接续管、线芯清洗并涂导电膏。

（5）按规定的各种接续管的液压部位及操作顺序压接。

（6）各种接续管压后压痕应为六角形，六角形对边尺寸为接续管外径的 0.866 倍，最大容许误差 $S=0.866 \times 0.993D+0.2$（mm），其中 D 为接续管外径，三个对边只容许有一个达到最大值，接续管不应有肉眼看出的扭曲及弯曲现象，校直后不应出现裂缝，应锉掉飞边、毛刺。

（7）将需要进行绝缘处理的部位清洗干净后进行绝缘处理。

11.1.2.3 非承力接头的连接和绝缘处理

（1）非承力接头包括跳线、T 接时的接续线夹和导线与设备连接的接线端子。

（2）接头的裸露部分须进行绝缘处理，安装专用绝缘护罩。

（3）绝缘罩不得磨损、划伤，安装位置不得颠倒，有引出线的要一律向下，需紧固的部位应牢固严密，两端口需绑扎的必须用绝缘自粘带绑扎两层以上。

11.1.2.4 承力接头压接顺序

（1）钢芯铝绞线钢芯对接式钢管的施压顺序如图 11-1 所示。

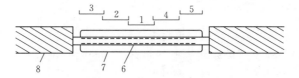

图 11-1 钢芯铝绞线钢芯对接式钢管的施压顺序

1～5—顺序；6—钢芯；7—钢管；8—铝线

（2）钢芯铝绞线钢芯对接式铝管的施压顺序如图 11-2 所示。

图 11-2　钢芯铝绞线钢芯对接式铝管的施压顺序

1~6—顺序；7—钢芯；8—已压钢管；9—铝线；10—铝管

（3）钢芯铝绞线钢芯搭接式钢管的施压顺序如图 11-3 所示。

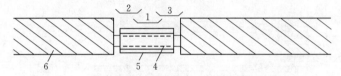

图 11-3　钢芯铝绞线钢芯搭接式钢管的施压顺序

1~3—顺序；4—钢芯；5—钢管；6—铝线

（4）钢芯铝绞线钢芯搭接式铝管的施压顺序如图 11-4 所示。

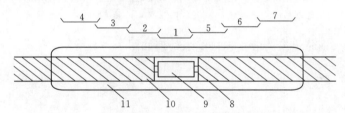

图 11-4　钢芯铝绞线钢芯搭接式铝管的施压顺序

1~7—顺序；8—钢芯；9—已压钢管；10—铝线；11—铝管

（5）导线钳压顺序如图 11-5 所示。

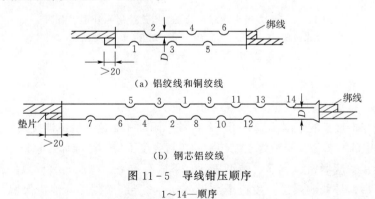

（a）铝绞线和铜绞线

（b）钢芯铝绞线

图 11-5　导线钳压顺序

1~14—顺序

11.1.2.5　承力接头连接绝缘处理

（1）承力接头钳压连接绝缘处理如图 11-6 所示。

（2）承力接头铝绞线液压连接绝缘处理如图 11-7 所示。

131

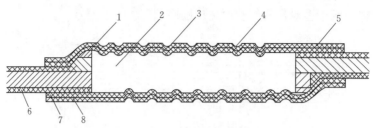

图 11-6　承力接头钳压连接绝缘处理示意图

1—绝缘粘带；2—钳压管；3—内层绝缘护套；4—外层绝缘护套；

5—导线；6—绝缘层倒角；7—热熔胶；8—绝缘层

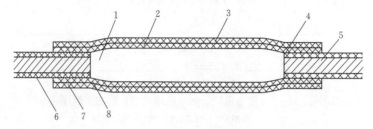

图 11-7　承力接头铝绞线液压连接绝缘处理示意图

1—液压管；2—内层绝缘护套；3—外层绝缘护套；4—绝缘层倒角，

绝缘粘带；5—导线；6—绝缘层倒角；7—热熔胶；8—绝缘层

（3）承力接头钢芯铝绞线液压连接绝缘处理如图 11-8 所示。

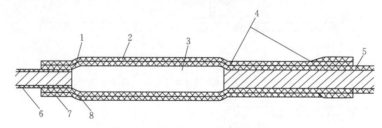

图 11-8　承力接头钢芯铝绞线液压连接绝缘处理示意图

1—内层绝缘护套；2—外层绝缘护套；3—液压管；4—绝缘粘带；5—导线；

6—绝缘层倒角；7—热熔胶；8—绝缘层

11.1.2.6　其他要求

（1）线夹、接续管的型号与导线规格相匹配。

（2）压缩连接接头的电阻不应大于等长导线电阻的 1.2 倍，机械连接接头的电阻不应大于等长导线电阻的 2.5 倍，档距内压缩接头的机械强度不应小于导体计算拉断力的 90%。

（3）导线接头应紧密、牢靠、造型美观，不应有重叠、弯曲、裂纹及凹凸现象。

（4）钳压后，导线的露出长度应不小于 20mm，导线端部绑扎线应保留。

（5）压接后，接续管两端导线不应有抽筋、灯笼等现象。

（6）压接后，接续管两端出口处、合缝处及外露部分应涂刷电力复合脂。

（7）线夹上安装的绝缘罩不得磨损、划伤，安装位置不得颠倒，有引出线的要一律向下，需紧固的部位应牢固严密，两端口需绑扎的必须用绝缘自粘带绑扎两层以上。

（8）绝缘线的连接不容许缠绕，应采用专用的线夹、接续管连接。

（9）不同金属、不同规格、不同绞向的绝缘线，无承力线的集束线严禁在档内做承力连接。

（10）在一个档距内，分相架设的绝缘线每根只容许有一个承力接头，接头距导线固定点的距离不应小于 0.5m，低压集束绝缘线非承力接头应相互错开，各接头端距不小于 0.2m。

（11）铜芯绝缘线与铝芯或铝合金芯绝缘线连接时，应采取铜铝过渡连接。

（12）剥离绝缘层、半导体层应使用专用切削工具，不得损伤导线，切口处绝缘层与线芯宜有 45°倒角。

11.1.3 绝缘子的更换

更换拉线是线路施工和维护中一项常见的工作，线路一般处于检修状态。要检查被更换绝缘子的外观是否良好，连接处有无松动、锈蚀。

11.1.3.1 蝶式绝缘子的更换

（1）松开绝缘子的固定螺栓，如螺栓锈蚀严重，可先喷上松动剂，稍等片刻再松螺栓。

（2）拆除旧绝缘子，用传递绳传至地面。

（3）将新绝缘子拉至杆上，并安装牢固。安装蝶式绝缘子时，应垫弹簧垫圈。

（4）固定导线。将导线固定部位缠上铝包带，缠绕应紧密且露出绑扎端 30mm，再将导线移到瓷瓶上用绑线固定。针式绝缘子的绑扎，直线杆采用顶槽绑扎法，直线角度杆采用边槽绑扎法，绑扎在线路外角侧的边槽上。

11.1.3.2 更换耐张绝缘子

（1）工作人员上杆站好位置并系好安全带后，用传递绳系好，将紧线器拉上杆并把紧线器尾线固定在横担上，在耐张线夹前 0.3～0.5m 卡好紧线器导线卡头。

（2）用紧线器收紧导线，使绝缘子不受力。

（3）松开耐张线夹与绝缘子连接螺栓，用传递绳系好后，取下绝缘子传送到地面。

（4）将新绝缘子用传递绳系好拉上杆，并安装牢固。

（5）装好耐张线夹与绝缘子的连接螺栓，慢慢松开紧线器，恢复原来位置。

（6）取下紧线器卡头并用传递绳系好送到地面。

11.1.4 拉线的更换

更换拉线是线路施工和维护中一项常见的工作，线路一般处于检修状态。要检查被更换拉线的锈蚀情况，检查地锚拉棒（地面下 50mm 处）受腐蚀情况，在确保抱箍、地锚拉棒完好、原有拉线满足安全的前提下才能进行更换，新拉线和原有拉线应一致或满足设计要求。

11.1.4.1 拉线上把的制作

拉线上把（楔型线夹）的制作流程分解如图 11－9 所示。

（1）裁线。由于镀锌钢绞线的刚性较大，在制作拉线下料前应用细扎丝在拉线开断处进行绑扎，避免因开断钢绞线时发生散股，如图 11－9（a）所示，然后用断线钳将其断开。

（2）穿线。取出楔型线夹的舌板，将钢绞线穿入楔型线夹，并根据舌板的大小在距离

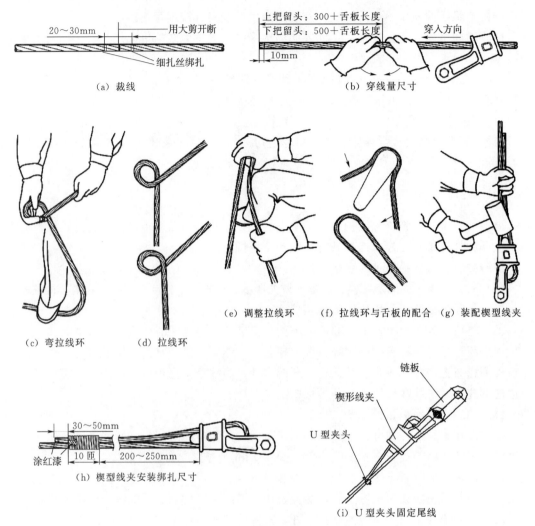

(a) 裁线　　　　　　　　　　　　　　　（b) 穿线量尺寸

(c) 弯拉线环　　（d) 拉线环　　　（e) 调整拉线环　　（f) 拉线环与舌板的配合　（g) 装配楔型线夹

(h) 楔型线夹安装绑扎尺寸

(i) U型夹头固定尾线

图 11-9　拉线上把的制作流程分解图

钢绞线端头 300mm＋舌板长度处做弯线记号，如图 11-9 (b) 所示。

（3）弯拉线环。用双手将钢绞线在记号处弯一小环，然后如图 11-9 (c) 所示，用脚踩住主线，一手拉住线头，另一手握住并控制弯曲部位，协调用力将钢绞线弯曲成环；为保证拉线环的平整，应将端线分别如图 11-9 (d) 所示换边弯曲。

（4）整形。为防止钢绞线出现急弯，将做好的拉线环以如图 11-9 (e) 所示的方式，分别用膝盖抵住钢绞线主线、尾线进行整形，使其呈如图 11-9 (f) 所示的开口销状，以保证钢绞线与舌板间结合紧密。

（5）装配。拉线环制作完成后，将拉线的回头尾线端从楔型线夹凸肚侧穿出，放入舌板并适度地用木槌敲击，使其与拉线与线夹间的配合紧密，如图 11-9 (g) 所示。

（6）绑扎。在尾线回头端距端头 30～50mm 的地方，用 12 号或 10 号镀锌铁丝缠绕100mm 对拉线进行绑扎，如图 11-9 (h) 所示，也可以用 U 型夹头压住尾线将其固定，使拉线的回头尾线与主线间的连接牢固，如图 11-9 (i) 所示。

（7）防腐处理。按拉线安装施工的规定要求，完成制作后应在扎线及钢绞线的端头涂上红漆，以提高拉线的防腐能力。0.4kV线路拉线一律要装设拉紧绝缘子，且要求在断拉线情况下拉紧绝缘子，距地面不应小于2.5m。

11.1.4.2 临时拉线装设和上把安装

拉线上把制作完成后，在安装前，要在杆上安装临时拉线并收紧固定，然后再更换拉线，具体安装步骤如下。

（1）登杆。按上杆作业的要求完成杆塔、登杆工具等必需的检查工作，取得现场施工负责人的允许后带上必备操作工具上杆，并在指定位置站好位、系好安全带、挂好保险钩，绑好传递滑车和传递绳。

（2）设置临时拉线。设置临时拉线时，应先将不小于原钢绞线截面的钢丝绳在原拉线抱箍下面在杆塔绕2圈，然后用御扣（U型环）固定；由地面工作人员用拉线紧线器固定在同一拉线地锚的钢丝绳套上，将钢丝绳收紧受力（绕2圈），使原拉线松弛处于不受力状态，将钢丝绳尾绳用钢线卡子固定，防止滑动，如图11-10所示。将拉线抱箍连接延长环传递到杆上并固定安装在距杆塔合适位置（一般为横担下方100mm处），并根据拉线装设的要求调整好拉线抱箍方向（若拉线抱箍连接延长环无锈蚀，则可以利用）。

（3）安装拉线上把。将做好的新拉线锲型线夹一头挂在杆塔拉线抱箍链板（二眼板或延长环）内，连接楔型线夹与延长环，穿入螺栓，插入销钉，这个过程需要保证楔型线夹凸肚的方向（朝向地面或保证拉线上所有线夹的凸肚侧朝一个方向），如图11-10所示，螺栓穿向应符合施工验收规范要求（面向电源侧由左向右穿入）。

11.1.4.3 地面配合安装

地面配合调换旧拉线，先用扳手将UT线夹螺栓松开，不得用断线剪突然将拉线剪断；然后再制作UT线夹并安装，如图11-11所示，UT线夹的安装与制作均在地面上同时进行。

（1）收紧新拉线。如图11-11（a）所示，用卡线器在适当的高度将钢绞线卡住，另一端与套在拉线棒环下

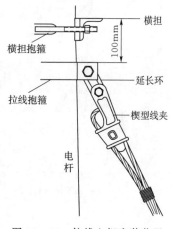

图11-10 拉线上把安装位置

方的钢丝绳套相连接，调整紧线器，将新拉线收紧受力，使临时拉线不受力（或比原来受力小），把拉线收紧到设计要求的角度（设计对部分转角杆有预偏角度的要求）；如果拉线环境条件需要安装警示杆，应在卡线前在拉线上穿入警示杆。

（2）制作拉线环。拆下UT线夹的U型螺栓，取出舌板，将U型螺栓从拉棒环穿入，抬起U型螺栓，用手拉紧拉线尾线，对比U型螺栓从螺栓端头向下量取200mm的距离（通常为丝杆的长度），如图11-11（b）所示，然后按流程制作好拉线环。

（3）装配。将拉线从UT线夹穿出（线回头尾线端从UT线夹凸肚侧穿出），装上舌板，用手锤敲击使拉线环与舌板能紧密配合。

（4）安装调整。将U型螺栓丝杆涂上润滑剂，重新套进拉棒环后穿入UT线夹，使UT线夹凸肚方向与楔型线夹方向一致，装上垫片、螺帽，并调节螺母使拉线受力后撤

出紧线器。拉线调好后，在 U 型螺栓上应将两个螺母拧紧（最好采用防盗螺帽），螺母拧紧后螺杆应露扣，并保证有不小于 1/2 丝杆的长度以供调节，其舌板应在 U 型螺栓的中心轴线位置。

（5）完成安装。在 UT 线夹出口量取拉线露出长度（不超过 500mm），将多余部分剪去；在尾线距端头 150mm 的地方，用镀锌铁丝由下向上缠绕 50～80mm 长度，如图 11－11（c）所示（尾绳也可以用钢线卡子固定），使拉线的回头尾线与主线间的连接牢固，并将扎线尾线拧麻花 2～3 圈；按规定在扎线及钢绞线端头涂上红漆，以提高拉线的防腐能力。最后将临时拉线钢丝绳松下、拆除、卷好。作业人员清理杆上和场地上的工具、余料，结束更换拉线工作。拉线部件名称及配置如图 11－12 所示。

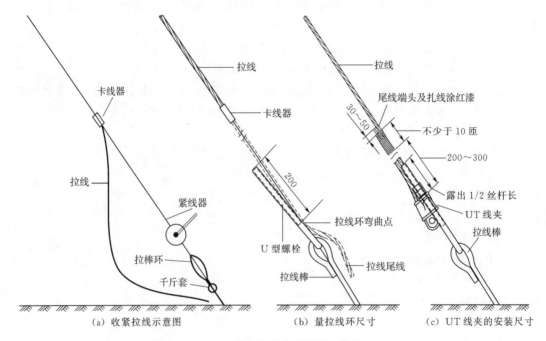

(a) 收紧拉线示意图　　　　(b) 量拉线环尺寸　　　　(c) UT 线夹的安装尺寸

图 11－11　UT 线夹的制作安装图（单位：mm）

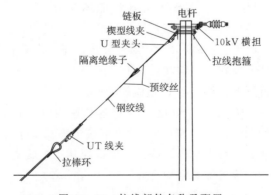

图 11－12　拉线部件名称及配置

11.2 电缆线路检修

检查出来的缺陷、电缆在运行中发生的故障以及在预防性试验中发现的问题，都要采取对策予以及时消除。一般的检修项目如下：

（1）为防止在电缆线路上面挖掘损伤电缆，挖掘时必须有电缆专业人员在现场守护，并告知施工人员有关施工的注意事项。特别是在揭开电缆保护板后，就不应再用镐、铁棒等工具，应使用较为迟钝的工具将表面土层轻轻挖去。用铲车时更应随时提醒司机注意，以防损伤电缆。

（2）对于户外电缆及终端头，要定期清扫电缆沟、终端头，并检查电缆情况；检查终端头内有无水分；用兆欧表测量电缆绝缘电阻；油漆支架及电缆夹；修理电缆保护管；检查接地电阻；电缆钢甲涂防腐漆。

（3）工作井及电缆沟的检修：应抽除积水清除污泥；油漆电缆支架挂钩；检查电缆及接头情况，如接地是否良好。

（4）防止电缆腐蚀。当电缆线路上的局部土壤含有损害电缆铅包的化学物质时，应将该段电缆装于管子内，并用中性的土壤作电缆的衬垫及覆盖，并在电缆上涂以沥青等；当发现土壤中有腐蚀电缆铅包的溶液时，应立即调查附近工厂排除废水情况，并采取适当改善措施和防护办法；为了确定电缆的化学腐蚀，必须对电缆线路上的土壤作化学分析，并有专档记载腐蚀物及土壤等的化学分析资料。

（5）电缆线路发生故障（包括电缆预防性击穿的故障）后必须立即修理，以免水分大量侵入，扩大损坏后的范围。处理步骤主要包括测寻、故障情况的检查及原因分析、故障的修理和修理后的试验等。消除故障务必做得彻底，电缆受潮气侵入的部分应予以割除，绝缘剂有碳化现象者应全部更换。否则，修复后虽可投入使用，但短期内仍会重发故障。

第12章 低压配电设备检修

12.1 低压配电柜检修

12.1.1 二次侧检修

12.1.1.1 端子排

(1) 端子排应无损坏，固定牢固，绝缘良好。

(2) 端子应有序号，便于更换且接线方便；离地高度宜大于 350mm。

(3) 回路电压超过 400V 者，端子板应有足够的绝缘并涂以红色标志。

(4) 强、弱电端子分开布置。当有困难时，应有明显标志并设空端子隔开或设加强绝缘的隔板。

(5) 正、负电源之间以及经常带电的正电源与合闸或跳闸回路之间以一个空端子隔开。

(6) 电流回路应经过试验端子，其他需断开的回路宜经特殊端子或试验端子。试验端子应接触良好。

(7) 潮湿环境宜采用防潮端子。

(8) 接线端子应与导线截面匹配，不使用小端子配大截面导线。

12.1.1.2 母线

小母线两侧要有标明其代号或名称的绝缘标志牌，字迹应清晰、工整，且不易脱色。

12.1.1.3 二次回路接线

(1) 按图施工，接线正确。

(2) 导线与电气元件间采用螺栓连接、插接、焊接或压接等，均应牢固可靠。

(3) 电缆芯线和所配导线的端部均应标明其回路编号，编号应正确，字迹清晰且不易脱色。

(4) 配线应整齐、清晰、美观，导线绝缘应良好、无损伤。

(5) 每个接线端子的每侧接线宜为 1 根，不得超过 2 根。

(6) 对于插接式端子，不同截面的两根导线不得接在同一端子上。

(7) 对于螺栓连接端子，当接两根导线时，中间应加平垫片。

12.1.1.4 连接门上的电器、控制台板等可动部位的导线

(1) 采用多股软导线，敷设长度应有适当长度。

(2) 线束应有外套塑料管等加强绝缘层。

(3) 与电器连接时，端部应绞紧，并应加终端附件，不得松散、断股，在可动部位两

端应用卡子固定。

12.1.1.5 引入盘、柜内的电缆及其芯线维护

（1）引入盘、柜的电缆要排列整齐，编号清晰，避免交叉，应固定牢固，不得使所接的端子排受到机械应力。

（2）铠装电缆在进入盘、柜后，应将钢带切断，切断处的端部应扎紧，并应将钢带接地。

（3）使用于静态保护、控制等逻辑回路的控制电缆，应采用屏蔽电缆。其屏蔽层应按设计要求的接。

（4）橡胶绝缘的芯线应外套绝缘管保护。

（5）盘、柜内的电缆芯线要按垂直或水平有规律地配置，不得任意歪斜交叉连接。

（6）强、弱电回路不应使用同一束，并应分别成束分开排列。

12.1.1.6 各部位连接点

查看连接点有无过热、螺母有无松动或脱落、发黑现象。

12.1.2 一次侧检修

一次侧检修周期见表 12-1。

表 12-1   一 次 侧 检 修 周 期 表

序号	元件名称	频繁操作的检修周期		一般情况的检修周期	
		更新性检修	定期检修	更新性检修	定期检修
1	断路器	5～8 年	3 个月	8～10 年	6 个月
2	隔离开关	10～15 年	6 个月	15～20 年	6 个月
3	电流互感器	—	—	—	—
4	电容器	—	—	—	—

注　1. 国产电器原则上按表 12-1 的要求执行，如有特殊要求的可视实际运行情况适当延长或缩短检修周期。

　　2. 国外引进电器其检修周期按厂家规定执行，无规定时可参照表 12-1 执行，检修周期可视实际运行情况适当延长。

　　3. 在工作过程中，根据生产情况和设备运行状态，可适当调整检修周期，以保证生产顺利进行。

　　4. 对新型的开关或其他电器元件，可按照说明书检修周期要求进行检修。

12.1.2.1 检修流程

检修流程如图 12-1 所示。

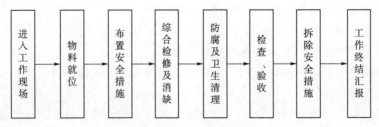

图 12-1　检修流程图

12.1.2.2 流程说明

1. 进入工作现场

（1）人员到达工作现场门口，工作负责人检查并确认工作现场（核对箱柜名称及编号）并向工作班组成员交代安全、技术措施。

（2）工作人员根据各自分工开始准备工作。

2. 物料就位

将所携带工具、材料送达工作现场并进行检查，符合要求后方可使用。

3. 布置安全措施

（1）停电。按事先勘察制定的检修计划将相关负荷及线路停电。

（2）验电，挂接地，放电。用合格的验电笔逐项进行验电，确认无电后，立刻挂设地线，电容要放电。

4. 综合检修及消缺

（1）检查断路器、隔离开关、开关分合闸位置是否正确，操作机构是否可靠、灵活，分合闸指示牌是否正确，各电气触点是否接触良好。对机械传动部位加润滑油。

（2）检查高、低压接线端子连接是否牢固，套管、瓷瓶、绝缘子是否清洁正常。

（3）检查母线排连接是否良好，其支撑绝缘子、支持件等附件是否牢固可靠，接触良好。

（4）检查断路器、隔离开关、开关的连接螺栓和进出线固定螺栓是否紧固可靠、接触良好。

（5）测量绝缘、接地电阻是否满足规定要求。

（6）检查各母线标相是否正确。

（7）对低压配电柜所带配电箱进行维检。

（8）检查接地、接零系统是否完好。

（9）对检查发现的缺陷参照相应作业流程进行消缺处理。

5. 防腐及卫生清理

（1）对低压配电柜内各设施防腐情况进行检查，必要时涂刷油漆等进行防腐处理。

（2）对低压配电柜、母线排、开关等处擦除灰尘、油污。

（3）对低压配电柜的柜体内部进行卫生清理。

6. 检查、验收

（1）检查低压配电柜各配电屏、功能柜内是否清洁无杂物，是否有遗留工具和材料。

（2）检查电容器壳体无油污。

（3）检查所有缺陷是否消除，是否有遗留问题。

7. 拆除安全措施

（1）按照规程拆除接地线及其他安全警示装置。

（2）接地线均应全部拆除，地线一经拆除，任何人员不得再进行工作。

8. 工作终结汇报

工作全部结束后，确认质量合格，无遗漏工具，地线已经拆除，人员已经撤离到工作现场门口后，班组长检查人员数量。全部人员在场地外到齐后，向工作负责人汇报工作终结，恢复送电。

12.1.2.3 绝缘子

查看绝缘子有无损伤、歪斜或放电现象及痕迹，母线固定卡子有无脱落。

12.2 低压配电一体箱检修

12.2.1 元件的检修周期

元件检修周期同表 12-1。

12.2.2 检修流程

12.2.2.1 流程图

检修流程如图 12-1 所示。

12.2.2.2 流程说明

1. 进入工作现场

（1）人员到达工作现场门口，工作负责人检查并确认工作现场（核对箱柜名称及编号）并向工作班组成员交代安全、技术措施。

（2）工作人员根据各自分工开始准备工作。

2. 物料就位

将所携带工具、材料送达工作现场并进行检查，符合要求后方可使用。

3. 布置安全措施

（1）停电。按事先勘察制定的检修计划将相关负荷及线路停电。

（2）验电，挂接地，放电。用合格的验电笔逐项进行验电，确认无电后，立刻挂设地线，电容要放电。

4. 综合检修及消缺

（1）检查断路器、隔离开关、开关分合闸位置是否正确，操作机构是否可靠、灵活，分合闸指示牌是否正确，各电气触点是否接触良好。对机械传动部位加润滑油。

（2）检查高、低压接线端子连接是否牢固，套管、瓷瓶、绝缘子是否清洁正常。

（3）检查母线排连接是否良好，其支撑绝缘子、支持件等附件是否牢固可靠，接触良好。

（4）检查断路器、隔离开关、开关的连接螺栓和进出线固定螺栓是否紧固可靠、接触良好。

（5）测量绝缘、接地电阻是否满足规定要求。

（6）检查各母线标相是否正确。

（7）对配电一体箱所带户外配电箱进行维检。

（8）检查接地、接零系统是否完好。

（9）对检查发现的缺陷参照相应作业流程进行消缺处理。

5. 防腐及卫生清理

（1）对配变一体箱内各设施防腐情况进行检查，必要时涂刷油漆等进行防腐处理。

（2）对配变一体箱、母线排、开关等处擦除灰尘、油污。

（3）对配变一体箱的箱体内部进行卫生清理。

6. 检查、验收

（1）检查配变一体箱各配电屏、柜内是否清洁无杂物，是否有遗留工具和材料。

（2）检查电容器壳体无油污。

（3）检查所有缺陷是否消除，是否有遗留问题。

7. 拆除安全措施

（1）按照相关标准拆除接地线及其他安全警示装置。

（2）接地线均应全部拆除，地线一经拆除，任何人员不得再进行工作。

8. 工作终结汇报

工作全部结束后，确认质量合格，无遗漏工具，地线已经拆除，人员已经撤离到工作现场门口后，班组长检查人员数量。全部人员在场地外全部到齐后，向工作负责人汇报工作终结，恢复送电。

12.2.3 元件故障处理

12.2.3.1 隔离开关

1. 合闸时静触头和动触刀旁击处理

这种故障的原因主要是静触头和动触刀的位置不合适，合闸时造成旁击，隔离开关应检查动触头的紧固螺丝有无松动。处理办法为：隔离开关调整三极动触刀紧固螺丝的松紧程度及触头间的位置，调整动触刀紧固螺丝松紧程度，使动触刀调至有静触头的中心位置，做拉合试验，合闸时无旁击，拉闸时无卡阻现象。

2. 接点打火或触头过热处理

这种故障的原因主要是接触不良导致电阻增大。处理办法为：停电检查接点、触头有无烧损现象，用砂纸打平接点或触点的烧伤处，重新压接牢固，调整触头的接触面和接点压力。

3. 合闸后操作手柄反弹不到位

这种事故的原因主要是开关手柄操作联杆行程调整不合适或静、动触头合闸时有卡阻现象。其处理办法为：调整操作联杆螺丝使其长度与合闸位置相符，处理静触头的卡阻现象。

12.2.3.2 断路器

1. 高温引起低压塑壳断路器跳闸原因及措施

低压塑壳断路器如果安装在户外配电箱内，夏日无风时环境温度较高，加上负荷后，箱内温度会升高，严重时户外箱内温度达到70℃甚至更高，常用的低压塑壳断路器的适用工作环境为−5～＋40℃，且24h的平均值不超过35℃，断路器的过负荷保护热双金属元件是由两种具有不同热膨胀系数的金属压轧而成的，两种不同金属中分主动层和被动层，当双金属感受到过载电流产生的热量时，主动层将向被动层弯曲，双金属元件产生的位移以及双金属元件碰到扣杆的热推力均与它的弯曲度和温度变化值成正比，如果断路器周围的环境温度超过基准温度，即使通过的电流不过载而是正常额定电流或小于额定电流，断路器的动作时间也要提早，失去过载保护功能。为此，需要将断路器的额定值提高、降低现场运行电流及进行现场散热处理。

2. 启动电动机时断路器跳闸原因及措施

（1）带负载启动电动机。电动机带负载启动时，引起电流增大而使断路器跳闸。在启动电动机前，应先检查电动机负载有无切断，电动机无负载情况下再启动电动机。

（2）电压低，启动电动机时电流猛增，导致启动电流增大造成断路器跳闸。客户受电端电压变动幅度范围不应超过额定电压的−7%～7%；电压测量值超过规定值时，应采取调整变压器分接头、调整负荷等措施。

（3）断路器的瞬时保护整定倍数偏小。合理调整断路器的瞬时保护整定倍数，与现场设备运行要求相符。

（4）选用的塑壳断路器不是动力型，导致断路器跳闸。应根据设备用途，选择正确的塑壳断路器。

3. 运行中的断路器时有跳闸现象发生原因及措施

（1）选用的连接电缆或铜排截面太小，容易发热，使断路器跳闸。

（2）负载端的紧固螺栓未上紧导致接触不良而大量发热，使断路器跳闸。

（3）负荷过载跳闸。

4. 低压塑壳断路器部件损坏的处理

（1）主、副触头：表面烧伤严重的应更换，以免打磨过多而降低接触面的压力。

（2）辅助触头：用细砂纸打磨；触头表面不能有油污。

（3）灭弧罩：碳化现象应刮净；受潮现象应烤干；有损坏者应重新配齐，安装角度应正确，以免妨碍触头动作。

（4）短路环和线圈：应及时更换损坏元件。

（5）软连接片：应及时更换损坏元件。

12.2.3.3 电流互感器

配电一体箱中常用的电流互感器为微型电流互感器，由于微型电流互感器本体结构小，内部元件非常紧凑，在日常运维或发生故障时基本是无法检修的，都是以换代检的方式对发生故障的电流互感器进行更换，以达到设备正常运行的目的。电流互感器有下列故障现象时，应立即停用并且更换：

（1）有过热现象。

（2）内部有臭味、冒烟现象。

（3）内部有严重的放电声。

（4）外绝缘破裂放电。

（5）电流互感器声音变大，二次开路处有放电现象。

12.2.3.4 电容器

1. 渗漏油

主要原因是运行维护不当，长期缺乏保养，导致外壳生锈，或者是安装位置靠近腐蚀性场所，导致外壳腐蚀。

2. 外壳膨胀

主要原因是电容内部绝缘物游离而分解出气体或内部部分元件击穿，外壳明显膨胀时应更换电容器。

3. 温度过高

主要原因是过电流（电压过高或者谐波）、散热条件差、介质损耗增大，应查明原因做针对性处理，如不能有效地控制温度，则应退出运行；如果是电容器本身有问题，应予以更换。

4. 异常声响

异常声响由内部故障造成，严重时应立即退出运行，并更换电容器。

5. 电容器爆炸

由短路、内部故障或者带电荷合闸造成，应立即切断电源，查明原因并做相应处理后，更换新的电容器。

6. 熔丝熔断

如果是电容器熔丝熔断，可能是由电容器故障、线路故障原因造成的，查出原因并解决问题后方可更换新的熔丝。否则可能会产生很大的冲击电流，造成不必要的人身及财产损失。

12.3　低压电缆分接箱检修

12.3.1　检修流程

12.3.1.1　停电

（1）按事先勘察制定的检修计划将低压电缆分接箱上级相关负荷及线路停电。

（2）拉开低压电缆分接箱空气开关（熔断器）及用户表箱空气开关。

（3）用合格的验电笔逐相进行验电，确认无电后，在进出线电缆适当位置立刻挂设接地线。

12.3.1.2　综合检修

（1）检查开关合闸位置是否正确，操作机构是否可靠灵活，分合闸指示是否正确，各电气触点是否接触良好。对机械传动部位加润滑。

（2）检查接线端子是否牢靠，绝缘子是否清洁。

（3）检查母线排连接是否良好，母线标相是否正确。

（4）检查开关的连接螺栓和进出线固定螺栓是否紧固可靠、接触良好。

（5）测量绝缘、接地电阻是否满足规定要求。

12.3.1.3　检查、验收

（1）检查柜内是否清洁无杂物，是否有遗留工具和材料。

（2）检查所有缺陷是否消除，是否有遗留问题。

12.3.1.4　恢复送电

（1）按照规程规定拆除接地线级其他安全警示装置。接地线均应全部拆除，接地线一经拆除，任何人不得再进行工作。

（2）按事先勘察制定的检修计划将低压电缆分接箱上级相关负荷及线路恢复送电。然后先合上低压电缆分接箱空气开关（熔断器），再合上用户表箱空气开关。

12.3.2　部件故障处理

12.3.2.1　空气开关

空气开关故障分类及处理方法见表 12-2。

表 12-2　　　　　　　　　　空气开关故障分类及处理方法

序号	故障现象	产　生　原　因	处　理　方　法
1	手动操作的开关不能合闸	失压脱扣线圈无电压或线圈电压不符	检查线圈及相关线路，查明原因后处理
		失压脱扣线圈损坏	能修则修，不能修则换
		储能弹簧变形，以致闭合力不足	更换新的弹簧
		释放弹簧的反作用力过大	适当调整，若不能调整则更换新的弹簧
		机构不能复位再扣	调整脱扣面到规定值
2	电动操作的不能合闸	操作电源电压不符	检查和更换电源
		电磁铁或电动机损坏	查明情况，作适当处理
		电磁铁拉杆行程不够	重新调整或更换拉杆
		电动操作定位开关失灵	进行调整或更换开关
		控制器中整流管或电容器损坏	更换相应配件
		电源容量不足	更换电源
3	开关的一相触头不能闭合	该相连杆损坏	更换连杆
		限流开关斥开机构与连杆之间角度过大	调整到 170°
4	开关在电机启动时自动分闸	电磁式过流脱扣器瞬动整定电流过小	调整电磁脱扣器的整定值
		空气开关选型过小	更换空气开关
5	开关在工作一段时间后自动分闸	过电流脱扣器长延时整定值不符合要求	重新调整
		热元件或半导体延时电路元件老化	更换新元件
		半导体元件误动作	查明原因后作适当处理
6	开关触头温度过高	接触表面过分损坏或触头磨损过度	修整接触表面，不能修复则更换开关
		接触压力太小	调整或更换触头弹簧
		导电元件连接处螺丝松动	拧紧螺丝
7	分励脱扣器失灵，开关不能分闸	反力弹簧的反作用力太小	调整或更换
		电源电压过低	查明原因处理或更换电源
		螺丝松动	拧紧螺丝

12.3.2.2 熔断器

熔断器故障分类及处理方法见表12-3。

表 12-3 熔断器故障分类及处理方法

序号	故障现象	产生原因	处理方法
1	电路接通瞬间，熔体熔断	熔体电流等级选择过小	更换熔体
		负载侧短路或接地	排除负载故障
		熔体安装时受机械损伤	更换熔体
2	熔断未熔断，但电路不通	熔体或接线座接触不良	重新连接

第13章 防雷设施检修

13.1 避雷器设施检修

13.1.1 避雷器的引线及接地引下线有严重烧痕或放电记录器烧坏

(1) 原因。当避雷器存在缺陷或不能及时灭弧时,则通过的工频续流的幅值增大、时间加长。这样接地引下线的连接处会产生烧伤的痕迹,或使放电记录器内部烧黑或烧坏。

(2) 预防。加强巡视,密切关注各连接部位的情况。

(3) 处理。发现避雷器的引线及接地引下线有严重烧痕或放电记录器烧坏,设法将避雷器退出运行,对避雷器进行检查和试验,并进行处理。必要时更换避雷器。

13.1.2 避雷器套管闪络或爬电

(1) 原因。套管表面脏污使套管表面等效爬电距离下降,或套管有裂缝等缺陷。

(2) 预防。加强运行中的巡视,力争在闪络或爬电的初期就能得到处理。

(3) 处理。若闪络或爬电是由于套管表面脏污所造成的,停电后,对套管表面进行清理;若闪络或爬电是由于套管损坏造成的,则停电后更换套管。

13.2 接地装置检修

13.2.1 接地电网中零线带电

(1) 线路上有电气设备的绝缘破损而漏电,但保护装置未动作。

(2) 线路上有一相接地,电网中的总保护装置未动作。

(3) 零线断裂,断裂处后面的个别电气或有较大的单相负荷。

(4) 在接零电网中,个别电气设备采用保护接地,且漏电;个别单相电气设备采用一相一地(即无工作零线)制。

(5) 变压器低压侧工作接地处接触不良,有较大的电阻;三相负荷不平衡,电流超过容许值。

(6) 高压窜入低压,产生磁场感应或静电感应。

(7) 高压采用两线一地运行方式,其接地体与低压工作接地或重复接地的接地体相距太近;高压工作接地的电压降影响低压侧工作接地。

(8) 由于绝缘电阻和对地电容的分压作用,电气设备的外壳带电。

前5种情况较为普遍,应查明原因,采取相应措施予以消除。在接地网中采取保护接零措施时，必须有完整的接零系统，才能消除带电。

13.2.2 接地装置出现异常现象

（1）接地体的接地电阻增大，一般是因为接地体严重锈蚀或接地体与接地干线接触不良引起的。应更换接地体或紧固连接处的螺栓或重新焊接。

（2）接地线局部电阻增大，因为连接点或跨接过渡线轻度松散，连接点的接触面存在氧化层或污垢，引起电阻增大，应重新紧固螺栓或清理氧化层和污垢后再拧紧。

（3）接地体露出地面，把接地体深埋，并填土覆盖、夯实。

（4）遗漏接地或接错位置，在检修后重新安装时，应补接好或改正接线错误。

（5）接地线有机械损伤、断股或化学腐蚀现象，应更换截面较大的镀锌或镀铜接地线，或在土壤中加入中和剂。

13.3 构 筑 物 及 基 础 检 修

13.3.1 正常状态构筑物检修

构筑物检修见表 13-1。

表 13-1 构 筑 物 检 修

检修项目	检修内容	技术要求	备注
外观检查	检查屋顶、外体、门窗、楼梯和防小动物措施外观有无异常	屋顶、外体、门窗、楼梯和防小动物措施外观无异常	
	检查标示牌和设备命名	标示牌和设备命名正确	
基础检查	检查井、基础有无异常	井内无积水、杂物，基础无破损、沉降	
通道检查	检查通道是否异常	通道的路面正常，通道内无违章建筑及堆积物	
辅助设施	检查辅助设施是否异常	通风、灭火器、照明、安防等辅助设备无异常	
SF_6 监测装置	定期检测	符合规定	

13.3.2 有缺陷的构筑物检修

构筑物缺陷检修见表 13-2。

表 13-2 构 筑 物 缺 陷 检 修

部件	缺陷	状态	检修内容	技术要求	备注
本体	屋顶漏水	异常	（1）不停电修补。	房屋无渗漏	
		严重	（2）停电修补（施工安全距离足）		

部件	缺陷	状态	检 修 内 容	技术要求	备注
本体	外体渗漏	异常	（1）不停电修补。	外体无渗漏	
		严重	（2）停电修补（施工安全距离不足）		
	门窗破损	异常	不停电修补	门窗完好	
		严重			
	防小动物措施不完善	一般	增加防鼠板、防虫网，封堵电缆管孔	防小动物措施完善	
		异常			
	楼梯破损	严重	修补楼梯	楼梯完好	
其他设备	基础异常	异常	（1）不停电修补。	基础正常	
		严重	（2）停电修补（施工安全距离不足）		
	灭火器异常	一般	更换	灭火器正常，气压位于正常状态	
	照明设施异常	异常	检修	照明设施正常	
	注意SF$_6$监测装置异常	一般	维修或更换	SF$_6$监测装置正常	
		异常			
	强排风装置异常	一般	维修或更换	强排风装置正常	
		异常			
	排水装置异常	一般	清理或检修	排水装置正常	
		异常			
	除湿装置异常	一般	检修或更换	除湿装置正常	
		异常			
	门禁及安防设施异常	异常	维修或更换	门禁及安防设施正常	
	设备标识和警示标识不全、模糊、错误	一般	更换	设备标识和警示标识齐全、清楚、整洁	
		异常			
		严重			
	视频监控异常	异常	维修或更换接线、视频摄像头等	视频监控异常	
		严重			
通道	通道堵塞	一般	清理堆积物	通道正常，无堆积物	
		异常			
		严重			
接地	接地体连接不良，埋深不足	一般	（1）修补接地体连接部位及接地引下线。（2）增加接地埋深：开挖接地后重新敷设接地体	接地体连接正常，埋深满足设计要求	接地引下线外观检查
		异常			
		严重			
	接地电阻异常	严重	增加接地体埋设；敷设新的接地体应与原接地体连接	接地电阻不大于4Ω	

13.4 电缆通道检修

13.4.1 直埋电缆通道检修

直埋电缆通道检修见表13-3。

表13-3 直埋电缆通道检修

缺陷	状态	检 修 内 容	技术要求	备注
覆土深度不够	一般	夯土回填	满足《电力工程电缆设计规范》（GB 50217—2007）、《城市电力电缆线路设计技术规定》（DL/T 5221—2016）相关要求	
	异常	因标高问题无法满足深度要求的，视情况选择合适的加固措施进行通道加固		
	严重			
		加固后仍无法满足电缆运行要求的，更换通道形式后进行迁改		

13.4.2 电缆排管检修

电缆排管检修见表13-4。

表13-4 电缆排管检修

缺陷	状态	检 修 内 容	技术要求	备注
排管混凝土包方覆土深度不够	一般	填埋	满足《电力工程电缆设计规范》（GB 50217—2007）、《城市电力电缆线路设计技术规定》（DL/T 5221—2016）相关要求	
	异常	因标高问题无法满足深度要求的，视情况选择合适的加固措施进行通道加固		
	严重	加固后仍无法满足电缆运行要求的，更换通道形式后进行迁改		
预留管孔淤塞不通	一般	疏通，并两头封堵	确保预留管孔通畅可用	
排管混凝土包方破损、开裂	一般	加固或修复	满足《电力工程电缆设计规范》（GB 50217—2007）、《城市电力电缆线路设计技术规定》（DL/T 5221—2016）相关要求	
	异常			
	严重	拆除破损排管混凝土包方重新建设或另选路径重新建设，线路迁改		
排管混凝土包方覆土深度不够	一般	加固并持续观察，阶段性测量、拍照比对	应无明显变化	必要时线路配合停电，定向钻进拖拉管
	异常	拆除故障段排管混凝土包方，对地基进行加固处理后在故障位置新建工井	满足《电力工程电缆设计规范》（GB 50217—2007）、《城市电力电缆线路设计技术规定》（DL/T 5221—2016）相关要求	
	严重	拆除故障段排管混凝土包方重新建设或另选路径重新建设，线路迁改		

13.4.3 电缆桥架检修

电缆桥架检修见表 13-5。

表 13-5 电 缆 桥 架 检 修

缺陷	状态	检 修 内 容	技术要求	备注
桥架基础沉降、倾斜、坍塌	一般	缩短巡视周期，加强巡视，阶段性拍照比对	应无明显变化	
	异常	(1) 对基础进行加固处理。 (2) 跟踪观察一段时间，确认是否还有沉降、倾斜现象	应无明显变化	
	严重	选择其他通道重新建设，线路迁改	满足《电力工程电缆设计规范》(GB 50217—2007)、《城市电力电缆线路设计技术规定》(DL/T 5221—2016)相关要求	
桥架基础覆土流失	一般	加固并夯土回填	满足《电力工程电缆设计规范》(GB 50217—2007)、《城市电力电缆线路设计技术规定》(DL/T 5221—2016)相关要求	
	异常			
桥架主材锈蚀、破损、部件缺失	一般	带电进行除锈防腐处理、更换或加装	满足《电力工程电缆设计规范》(GB 50217—2007)、《城市电力电缆线路设计技术规定》(DL/T 5221—2016)相关要求	
	异常			
	严重	选择其他通道重新建设，线路迁改		
桥架遮阳设施损坏	一般	修复	满足《电力工程电缆设计规范》(GB 50217—2007)、《城市电力电缆线路设计技术规定》(DL/T 5221—2016)相关要求	
桥架倾斜	一般	(1) 加固。 (2) 缩短巡视周期，加强巡视，阶段性拍照比对，是否有恶化趋势	满足《电力工程电缆设计规范》(GB 50217—2007)、《城市电力电缆线路设计技术规定》(DL/T 5221—2016)相关要求	
	异常	选择其他通道重新建设，线路迁改		
桥梁本体倾斜、断裂、坍塌或拆除	一般	(1) 与桥梁保养单位保持密切联系，督促其积极进行维修。 (2) 缩短巡视周期，重点检查桥墩两侧和伸缩缝处的电缆松弛部分	(1) 桥梁应及时得到维修，保持安全稳定。 (2) 桥墩两侧和伸缩缝处的电缆松弛部分应无明显变化	

缺陷	状态	检 修 内 容	技术要求	备注
桥梁本体倾斜、断裂、坍塌或拆除	异常	选择其他通道重新建设，线路迁改	满足《电力工程电缆设计规范》（GB 50217—2007）、《城市电力电缆线路设计技术规定》（DL/T 5221—2016）相关要求	

13.4.4 电缆井检修

电缆井检修见表 13-6。

表 13-6　　　　　电 缆 井 检 修

缺陷	状态	检 修 内 容	技术要求	备注
电缆井井盖不平整、破损、缺失	一般	修补或更换	井盖应不存在不平整、破损、缺失情况	
电缆沟墙壁破损、开裂、坍塌	一般	修复	电缆沟墙壁应不存在破损、开裂、坍塌等情况	必要时线路配合停电，但应对沟内电缆做好保护措施
	异常			
	严重			
地基沉降、坍塌或水平位移	一般	加固并持续观察，阶段性测量、拍照比对	应无明显变化	
	异常	拆除故障位置电缆井，对地基进行加固处理后在故障位置重建	满足《电力工程电缆设计规范》（GB 50217—2007）、《城市电力电缆线路设计技术规定》（DL/T 5221—2016）相关要求	
	严重	拆除故障段电缆井重新建设或另选路径重新建设，线路迁改		

13.4.5 电缆隧道检修

（1）正常状态电缆隧道内各类设施的检修见表 13-7。

表 13-7　　　　　正常状态电缆隧道检修

检修项目	检 修 内 容	技术要求	备注
通风设施	检查风机转动是否正常	线路供电可靠、转速稳定、无异常噪声	
	检查风机排风效果是否正常	排风效果明显	
	检查远程控制及就地控制可靠性	远程控制及就地控制可以自由切换	
	检查风机各模式下传感器灵敏度是否正常	自启动模式、巡视模式、火灾模式等多种模式均能按照规定要求正常工作	
环境监测系统	检查各子系统（水位、温度、湿度、烟雾、有毒气体等）是否工作正常	各子系统（水位、温度、湿度、烟雾、有毒气体等）应工作正常	
	校验各监测表计的准确性	表计显示的读数在容许的误差范围之内	

检修项目	检 修 内 容	技 术 要 求	备注
排水设施	检查水泵是否正常运转	水泵排水效果理想	
	检查自启动模式是否正常	水位监控传感器正常感应水位，电机自启动工作	
照明设施	检查照明灯具是否正常	灯具均能正常工作	
	检查远程控制及就地控制可靠性	远程控制及就地控制可以自由切换	
通信设施	检查有线通信设备和控制中心通信是否正常	隧道通信设备和中心通信联络正常	
	检查移动通信设备是否正常	移动手机信号正常	
消防设施	检查消防器具的使用寿命	消防器具均应在使用寿命内	
	检查消防设备的完整性	消防设备无遗失	
	检查火灾报警系统是否正常工作	火灾报警系统工作正常	
井盖控制系统	检查井盖控制系统是否工作正常	井盖控制系统应工作正常	门禁系统
	检查远程控制和就地控制可靠性	远程控制模式和就地控制模式可以自由切换	
	检查入侵报警系统是否工作正常	入侵报警系统应工作正常	
视频监视系统	检查视频监控是否工作正常	视频监控应工作正常	
隧道应力应变监测装置	检查隧道应力应变监测装置是否工作正常	隧道应力应变监测装置应工作正常	

（2）有缺陷的电缆隧道内各类设施的检修见表 13-8。

表 13-8　　　　　　　　有缺陷的电缆隧道检修

缺陷	状态	检 修 内 容	技 术 要 求	备注
隧道本体有裂缝	一般	（1）修复，并做好防水堵漏处理。（2）缩短巡视周期，加强观察	隧道本体应完好	
	异常			
	严重			
隧道通风亭破损	异常	修复	隧道通风亭应完好	
	严重			
隧道爬梯锈蚀、破损、部件缺失	一般	进行除锈防腐处理、更换或加装	隧道爬梯应完好，无锈蚀、破损、部件缺失等情况	
	异常			
	严重			
通风设备异常	一般	（1）涂抹防滑剂。（2）更换气体、温度传感器。（3）更换控制回路损坏部件	通风设备工作正常	
	异常			
	严重			
环境监测设施异常	一般	（1）更换表计。（2）更换气体检测传感器	环境监测设备工作正常	
	异常			
	严重			

缺陷	状态	检 修 内 容	技 术 要 求	备注
排水设施异常	一般	(1) 更换水泵。 (2) 更换水位监测传感器	排水设施工作正常	
	异常			
	严重			
照明设施异常	异常	(1) 更换灯具。 (2) 更换控制回路损坏部件	照明设施工作正常	
	严重			
通信设施异常	一般	(1) 更换线路受损部分。 (2) 更换无线信号发射器	通信设施工作正常	
	异常			
	严重			
消防设施异常	一般	(1) 更换使用寿命到年限的部件。 (2) 补充遗失的消防设施	消防设施工作正常	
	异常			
	严重			
井盖控制系统异常	一般	修复	井盖控制系统工作正常	
	异常			
	严重			
视频监控系统异常	一般	修复	视频监控系统工作正常	
	异常			
	严重			
隧道应力应变监测装置异常	一般	修复	隧道应力应变监测装置工作正常	
	异常			
	严重			

13.4.6 电缆支架检修

电缆支架检修见表13-9。

表 13-9　　　　　　　　　　　　电 缆 支 架 检 修

缺陷	状态	检 修 内 容	技术要求	备注
金属支架锈蚀、破损、部件缺失	一般	带电进行除锈防腐处理、更换或加装	金属支架应无锈蚀、破损、部件缺失等情况	
	异常			
	严重			
金属支架接地不良	一般	(1) 金属支架接地装置除锈防腐处理、更换或加装。 (2) 接地极增设接地桩,对周边土壤进行降阻处理,必要时进行开挖检查修复	金属支架应接地良好	
	异常			
	严重			
复合材料支架老化	一般	(1) 更换。 (2) 排查同批次、相近批次的复合材料支架,检查是否同样存在老化情况,确认则应更换	复合材料支架应无老化情况	
	异常			
	严重			

缺陷	状态	检 修 内 容	技术要求	备注
支架固定装置松动、脱落	一般	修复	支架固定装置应安装牢固	指膨胀螺栓、预埋铁或自承式支架构件
	异常			
	严重			
支架上的电缆固定夹具锈蚀、破损、缺失	一般	除锈防腐处理、更换或加装	支架上的电缆固定夹具应不存在锈蚀、破损、缺失等情况	
	异常			
	严重			

第 14 章　低压配电线路设备故障 处理及案例分析

14.1　故　障　处　理

14.1.1　基本原则

故障处理应遵循保人身、保设备的原则，尽快查明故障地点和原因，消除故障根源，防止故障扩大，及时恢复供电。

（1）采取措施防止行人接近故障线路和设备，避免发生人身事故。

（2）尽量缩小故障停电范围和减少故障损失。

（3）优先恢复重要用户供电。

14.1.2　基本流程

（1）详细了解并记录故障报修信息。

（2）组织运行人员对故障范围内的线路及设备进行巡视、检查。

（3）根据巡视、检查结果，结合故障报修信息判明故障点，隔离故障的线路及设备，分析故障原因。

（4）组织抢修，恢复供电。

（5）抢修工作结束后，及时清理现场。

（6）短时间内难以处理恢复供电的应向用户说明原因。

（7）及时反馈处理结果，做好相关记录。

（8）收集故障设备及部件，分析故障原因，提出改进意见。

（9）PMS2.0 系统抢修模块流程为：

已受理→工单转派（已派单）→抢修通知（已派工）→到达记录（已到达）→勘察汇报（已勘察）→修复记录（待审核）→回单信息审核（已修复）→恢复送电（已归档）

（10）故障抢修业务流程如图 14 - 1 所示。

1）配网抢修班应在 5min 内接单，并赶往故障现场。

2）配电抢修班人员应在规定时间内（城区范围 45min，农村地区 90min，特殊偏远地区 2h）赶到故障现场，并在工单内填写到达现场时间。

3）配电抢修班到达现场后，对现场情况做初步判断后在工单内填写故障情况及预计修复时间。若遇到大面积故障，抢修人员及时汇报配网抢修指挥中心，PMS2.0 系统内需录入停电信息（包括停电原因、停电范围、停电类型等）。

4）现场抢修结束后，配电抢修班依据现场抢修情况，按照省公司的工单填写规范要求填写工单。

如有在 PMS2.0 系统内录入故障停电信息的，先将系统内的停电信息送电闭环后，再填写工单。

备注：按照国网公司规定每月故障工单平均修复时长不得超过 120min，单张工单修复时长不能超过 24h，如遇特殊情况的需向运检部专职汇报。

14.1.3 基本要求

（1）变压器高压熔丝一相熔断时，应检查变压器接线桩头，无异常后可试送电；高压熔丝再次熔断或两相熔断时，除应详细检查变压器外，还应检查低压出线以下设备的情况，确认无故障后才能送电。

（2）如变压器低压侧电压正常，但低压电网电压异常，应详细检查各连接点接触是否良好。

（3）剩余电流动作保护装置动作、低压断路器跳闸、低压熔丝熔断后，经检查未发现原因时，容许试送电一次；如果试送不成功，应查明原因、排除故障，不应连续强行送电。

（4）电缆线路发生故障，修复前应对故障点进行适当的保护，避免因雨水、潮气等影响使绝缘受损。

（5）电缆线路故障处理前后都应进行相关检查和核对，以保证故障点全部排除及处理完好。

（6）已发现的短路故障修复后，应检查故障点前后的连接点（跳档、搭头线等），确无问题后方可恢复供电。

（7）电气设备发生火灾时，运行人员应首先设法切断电源，然后再进行灭火。

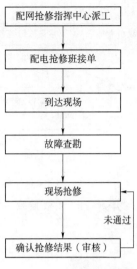

图 14-1 故障抢修业务流程图

14.1.4 常见故障

低压电网常见故障的检查及处理方法见表 14-1。

表 14-1 低压电网常见故障的检查及处理方法

设备类型	常见故障现象	可能的故障原因	常用处理方法
配电屏（箱）、分接箱	低压开关（断路器）跳闸	保护范围内相间短路、接地短路、过负荷等	巡视、检查线路负荷及其设备是否正常；巡视、检查低压线路是否有绝缘损坏、短路、断线、接地等情况
	电容不能正常投运	主回路部件损坏；二次回路取样电压电流不同相或极性反接；自动投切控制装置损坏	检查主回路是否正常；用万用表检查取样电压和电流是否同相并更正；更换自动投切控制装置
	剩余电流动作保护装置动作	保护范围内断线接地或中性线重复接地；保护装置故障等	先确定故障线路，分段测量检查，确定故障点、排除故障；修复或更换

设备类型	常见故障现象	可能的故障原因	常用处理方法
架空线路	杆塔倾斜、倒（断）杆	埋深不足、外力破坏、自然灾害，拉线失效等	扶正、加固、更换或移位
	导线弧垂过松、断线	外力破坏、自然灾害，拉线失效、过负荷等	调整、更换
电缆线路	电缆断线（相）、短路、接地	外力破坏、自然灾害、过负荷等	更换整条电缆、锯断故障部位安装中间接头修复
	电缆温度异常	单相或三相过负荷	平衡负荷、更换电缆
	引线断线、接触不良	外力破坏、过负荷、雷击、氧化等	更换引线、增加或更换连接金具、安装或更换低压避雷器
	附件放电	电缆绝缘破损	检查电缆、查明原因、排除故障后进行修复、更换附件
接户线、户联线	断线、短路、接点放电	支架脱落、外力破坏、过负荷、接头松动等	检查修复
计量装置	表计烧坏或计量失准	雷击、过负荷、表计本身故障	调换表计
	表箱进、出线，刀闸、熔断器及其接线处烧坏	接点接触不良、过负荷等	调换受损元器件

注　连接点松散或脱落，发现后应及时紧固或重新连接。

14.2　故　障　案　例　分　析

14.2.1　零线带电故障

14.2.1.1　报修情况

据某大市场报修人员反映工作模具冲压机床上有漏电现象及零线带电，请工作人员到现场协助检查。

14.2.1.2　故障分析

现场工作人员根据此种情况进行了推断，主要存在以下几种可能：

（1）低压线零线接触不良或断开，引起三相电压不平衡，导致零线电压发生偏移，使零线带电。

（2）变压器零线桩头松动，导致接地电阻变大，使电压发生偏移，使零线带电。

（3）其他电缆相线和接地线短接，使零线带电。

14.2.1.3　故障排查

现场情况：该市场共有商户120户左右，部分为门面房，有不少动力用户。

1. 检查用户侧

检查 A、B、C 三相与零线的相电压分别为 203V、221V 和 218V，AB、BC、CA 的线电压分别为 385V、392V 和 394V，电压正常。验电笔测量零线电压 190V、零线与电表箱外壳接地间电压为 175V，客户反映的情况属实。

2. 判定单用户故障还是区域故障

检查附近商户也存在此情况，检查配电柜发现零线带电，同时发现 A、B、C 分别与外壳接地间的电压为 76V、362V、367V，偏差较大。判定为台区故障。

3. 线路设备检查

（1）检查该区域用户进线电缆是否完好。检查发现电缆搭头完整良好，没有氧化的痕迹，拆下以后对电缆用 500V 的绝缘兆欧表测试，分别测量相和相（AB、AC、BC）之间的绝缘电阻分别为 50MΩ、53MΩ、49MΩ，A、B、C 相与地之间的绝缘电阻分别为 62MΩ，57MΩ、60MΩ，说明该电缆没有问题，可以排除。

（2）检查该变压器低压零线桩头是否存在问题。检查发现配变低压桩头没有松动现象，经接地电阻测试，该变压器接地电阻为 2.5Ω，小于标准的 4Ω，结果也符合要求。

（3）排查其他出线是否存在相线和接地线短接情况。该变压器主线路下有 3 路电缆，经检查发现当西区总电源关闭时，零线带电的现象立即消失，说明到西区供电的电缆线路有问题。检查西区配电箱、主电缆没有问题，发现分路支线电缆有接地现象，关掉该路开关，所有零线带电的现象全部消失。

（4）确认故障点。此处低压线路搭接混乱，零线与接地线导通。某一商户用电电缆 A 相与接地线短接，致使接地线带电；接地线带电后通过导通点使台区零线整体带电。

14.2.1.4 原因分析

该路线路接线方式为 TN-S 型，零线和保护接地线是分开的，而该市场总配电柜内共有 3 路动力和 1 路照明出线，3 路动力的总零线全部接在保护接地线上。当动力负荷平衡时，由于零线的电流较小，因此对电力线路的影响不是很大。当其中一路所接电器内部短路，使 A 相和保护接地线连通即单相接地，使大地处于 A 相电位。因此在该变压器范围内测量总零线时有较高的电压，如图 14-2 所示，这就是问题的所在。

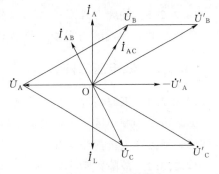

图 14-2 相量图

14.2.1.5 处理方式

由于该处接线不规范，导致内部发生故障，从而影响到该配变的其他用户。经过现场重新改接后，把原来接在保护接地的零线全部接在公网上的总零线上，使恢复正常供电。

14.2.2 缺相停电故障

14.2.2.1 报修情况

某市绿茵小区用户报修反映家中停电，请工作人员前往检查。

14.2.2.2 故障判断

现场抢修人员根据此种情况进行了推断，主要存在以下几种可能：

（1）用户家中空气开关跳闸、接触不良或烧毁。

（2）多表箱内表后空气开关跳闸、接触不良或烧毁。

（3）电表内部故障。

（4）电表桩头接线接触不良。

（5）表前插尾故障。

14.2.2.3 故障排查

现场情况：绿茵小区单相用户为主，部分动力用户。经测量用户家中无电。

1. 检查用户侧

检查用户家中空气开关未跳闸，接触良好，无烧毁痕迹。

2. 判定单用户故障还是多户故障

检查表箱内表后空气开关未跳闸，接触良好，无烧毁痕迹；表箱内部分电表无电压。判断为多户故障。

3. 表前设备检查

（1）检查表箱插尾上桩头电缆进线处 A、B、C 三相电压为 222V、221V、224V，插尾下桩头 A、B 两相电压为 222V、221V，C 相电压为零，说明 C 相插尾熔丝烧毁。

（2）检查插尾烧毁原因，发现 C 相插尾出线与零线在表箱隔板处有烧焦的痕迹，说明火线与零线发生短路引起插尾烧毁造成缺相。

14.2.2.4 原因分析

目前大部分表箱为金属外壳，表箱空间狭小，安装过程中可能造成线路绝缘外壳破损。在日常使用中，特别是夏天负荷较高，线路时常发热引起线路绝缘层老化破损，引起短路。

14.2.2.5 处理方式

更换 C 相插尾出线与零线，更换 C 相插尾恢复供电。

14.2.3 低电压故障

14.2.3.1 报修情况

据某市太阳城小区用户反映家中以前用电正常，早晨起床发现灯泡很暗，电器无法正常使用，请工作人员前往检查。

14.2.3.2 故障判断

现场抢修人员根据此种情况进行了推断，主要存在以下几种可能：

（1）变压器高压缺相引起低压侧输出电压不平衡，电压降低。

（2）变压器零线或低压线零线接触不良或断开，引起三相电压不平衡，导致电压偏低。

14.2.3.3 故障排查

现场情况：太阳城小区单相用户为主，部分动力用户。

1. 检查用户侧

测量用户家中电压为 87V，零线带电，用户家用电器无法正常使用，用户反映情况属实。

2. 判定单户故障还是多户故障

检查附近用户用电情况：报修用户同一单元的用户电压均为 87V，隔壁单元用户电压为 291V，部分用户反映家中电器烧毁，小区内多幢用户存在这一情况，判断为多户故障。

3. 线路设备检查

（1）通过部分用户反映家中电器烧毁的情况可以排除变压器高压缺相的可能。

（2）检查该区域内所有分接箱，分接箱内接线良好，测量 1 号分接箱进线电缆电压 A、B、C 三相为 87V、285V、300V，测量 2 号分接箱进线电缆电压 A、B、C 三相电压为 89V、291V、305V。说明故障点在上一级。

（3）检查配电房内变压器接线情况，变压器零线桩头未发现松动，电缆层门锁有被撬痕迹，电缆层内变压器与低压总柜之间连接的总零线被人为剪断。造成低压侧三相电压不平衡。

14.2.3.4 原因分析

（1）三相四线制供电系统中零线的主要作用如下：

1）三相负载不平衡情况下，零线导通，不平衡电流流回中性点，从而使供电系统的线电压、相电压基本保持平衡。

2）当采用保护接零的电气设备绝缘损坏发生碰壳时，短路电流将通过零线构成回路，由于零线阻抗较小，所以短路电流将很大，促使保护装置迅速动作断开电源。

3）零线还是单相 220V 电器设备的电源回路。

（2）如图 14-3 所示，三相负载不平衡（A 相负载最小、B 相负载稍大、C 相负载最大）的情况下：

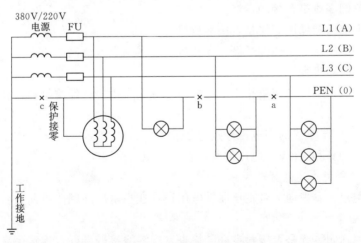

图 14-3　三相不平衡情况

1）零线在 a 点断线时，连接在断开点以后的单相负载，火线、零线都带电。但无电压，负载无法正常工作。

2）零线在 b 点断线时，连接在断开点以后的 B 相（L2）和 C 相（L3）的单相负载相当于串联后接在 B、C 两相（380V）上，造成负载大的 C 相电压低，负载小的 B 相电压高。

3）零线在 c 点断线时，由于没有零线导通不平衡电流，为维持三相电流的矢量和等于零，其中性点必将向负载大的 C 相位移，造成三相电压不平衡，即负载大的 C 相电压低，而负载小的 A 相电压高，三相负载不平衡程度越严重，中性点位移量越大，三相电压不平衡程度越严重。

4）零线断线造成的三相电压畸形使电气设备工作特性发生变化，电压过低无法工作，电压过高将缩短使用寿命，甚至烧毁设备造成经济损失。

5）零线一旦断线，采用保护接零的电气设备将失去保护；设备一旦漏电，将会造成人身触电。即使设备不漏电，零线本身带有的危险电压使设备外壳带电，同样会造成人身触电事故。

14.2.3.5 处理方式

由于老旧小区配电房中大部分零线使用铜导线，价格比较高，时常被盗，从而引起居民用电电压异常，造成经济损失。如果继续使用铜导线修复故障，还是有被盗可能，于是采用铝导线进行修复恢复供电，在新安装的配电房中，一般采用全母排安装，减少被盗可能。

14.2.4 高电压故障

14.2.4.1 报修情况

××小区有人报修家中照明灯具经常烧毁，请工作人员到现场协助检查处理。

14.2.4.2 故障分析

现场工作人员根据此种情况进行了推断，主要从以下几种情况考虑：

（1）该用户侧零线是否接触良好。

（2）该台区变压器低压零线是否接触良好。

（3）该台区变压器电压挡位过高，导致该变压器供电区域高电压。

14.2.4.3 故障排查

现场情况：红旗小区×幢单相用户为主，部分动力用户。经测量存在高电压现象。

1. 检查用户侧

检查 A、B、C 与零线的相电压分别为 236V、234V、239V，AB、BC、CA 的线电压分别为 410V、412V 和 406V，电压偏高，客户反映情况属实。

2. 判定单用户故障还是区域故障

检查附近用户，发现同一台变压器供电用户存在高电压问题。判断为台区故障。

3. 线路设备检查

（1）检查用户侧零线是否接触良好。检查发现零线接触良好，连接可靠。

（2）检查该变压器低压零线是否接触良好。检查发现配变低压桩头没有松动现象。

（3）检查变压器的电压挡位。发现变压器挡位在最高挡，说明高电压是由变压器挡位过高引起。

162

14.2.4.4　原因分析

用电高峰期线路负荷上升，工作人员会相应调高变压器电压挡位，以此保证末端用户的电能质量。用电淡期线路负荷降低，导致电压升高。

14.2.4.5　处理方式

变压器一般分为 3 挡，电压改变即"高往高调，低往低调"。此故障变压器挡位调低一挡。

变压器调压分为无载调压和有载调压。无载调压和有载调压都是指变压器分接开关调压方式。无载调压开关不具备带负载转换挡位的能力，因为这种分接开关在转换挡位过程中，有短时断开过程，断开负荷电流会造成触头间拉弧烧坏分接开关或短路，故调挡时必须使变压器停电。

有载调压就是在变压器运行时可以调解变压器的电压。有载分接开关则可带负荷切换挡位，因为有载分接开关在调挡过程中不存在短时断开过程，经过一个过渡电阻过渡，从一个挡位转换至另一个挡位，从而也就不存在负荷电流断开的拉弧过程，一般用于对电压要求严格、需经常调挡的变压器。有载调压分接开关一般有 3 个或者 5 个挡位，根据实际情况调压，通常用 1 挡，即使电压偏差保持在 $5\%Ue$ 的范围，以保证线路末端电压质量。

14.2.5　单户停电故障

14.2.5.1　报修情况

××村有人报修家中无电，请派人检查处理。

14.2.5.2　故障分析

现场工作人员根据此种情况进行了推断，主要存在以下几种可能：

（1）表前线路（接户线、进户线）零线接触不好或断线。

（2）表后线路（客户内部线路）零线断线或接触不良。

14.2.5.3　故障排查

现场情况：单相用户，火线和零线都带电。

1. 检查用户侧

检查用户 A 相与零线的相电压为 229V，电压正常。验电笔测量零线电压 150V。客户反映情况属实。

2. 判定单用户故障还是区域故障

检查附近用户，用电正常，判断为单用户故障。

3. 线路设备检查

（1）检查表后线路（客户内部线路）零线是否断线或接触不良。检查发现断开表前空气开关，表后零线依然带电。

（2）检查表前线路（接户线、进户线）零线是否接触不良或断线。检查接户线搭头发现接触良好，进户线搭头处有烧焦痕迹，断开进户线接头，零线带电消失。

（3）确认故障点。进户线为 $JKLY-16mm^2$，进户线有 PVC 管保护。管内线路发现有大量积水，并有接头，且接头有烧焦痕迹。

14.2.5.4　原因分析

用户房屋装修时私自请社会电工移表，并接线，由于近日雨天较多，进户线滴水弯施工工艺不标准，引起积水，接头绝缘不可靠，从而引发故障。

14.2.5.5　处理方式

管内接户线接头，重新制作，并用绝缘自粘带进行包扎。穿管后，对进户线滴水弯，进行弯制，确保不会有雨水进入管内。送电后，用电恢复正常。

14.2.6　多户停电故障

14.2.6.1　报修情况

某小区用户报修称家中停电，家里空气开关均未跳闸，用户所在一单元全部停电，二单元和三单元用电均正常。请工作人员前往检查。

14.2.6.2　故障分析

现场抢修人员根据此种情况进行了推断，主要存在以下可能：

(1) 电表箱内总开关跳闸。

(2) 电表箱电缆进线故障。

(3) 电表箱上一级电缆分接箱开关故障缺相。

14.2.6.3　故障排查

现场情况：湘江小区用户为单相用户。一单元全部停电，二单元和三单元用电均正常。

1. 检查用户侧

测量用户家中无电压，用户反映情况属实。

2. 判定单用户故障还是多户故障

检查用户所在一单元接线良好，测量无电压。判断为多户故障。

3. 线路设备检查

(1) 检查表箱内总开关未跳闸，用测量开关上下桩头均无电压，说明故障点可能在上一级电缆分接箱。

(2) 检查分接箱开关未跳闸，测量开关进出线桩头电压均正常，分接箱中开关出线 C 相 RTO 熔断器熔断（撞针凸出），造成 C 相用户停电。

(3) 检查 RTO 烧毁原因：①实际电流超出 RTO 熔断器额定电流；②电缆故障引起 RTO 熔断器熔断。断开电缆两端电缆头，对电缆进行了绝缘测试，测试结果电缆绝缘正常；短接电缆一头零线和火线，在另一头用万用表进行测试，测试结果线路不通，说明该段电缆中间发生了断路。抽出故障电缆发现中间有短路放电痕迹，引起分接箱中 RTO 熔断器熔断（由于短路后，火线与零线被炸开，并未粘在一起，所以造成绝缘兆欧表测量结果不准确）

14.2.6.4　原因分析

电缆中间发生故障原因：①安装电缆过程中绝缘层损坏；②外力破坏；③电缆中间头。此次故障发生的位置没有道路开挖情况，不存在外力破坏，电缆故障点位于管道转角处，施工时绝缘层损坏的可能性大，由于施工时外部绝缘层损坏不会立即造成电缆线路故障，但容易受潮，加上电缆运行状态中发热等原因，加速了电缆绝缘层的老化，长此以往，就会最终导致电缆发生故障。

14.2.6.5 处理方式

电缆故障点在转角处，电缆预留长度不够无法进行中间头的制作。重新安装新电缆恢复供电，新电缆安装过程中，电缆转角处留有一定的空间，减少电缆与管道壁的摩擦，防止电缆绝缘层破损。

14.2.7 低压断线故障

14.2.7.1 报修情况

居民报修村里好几户人家停电，请求工作人员前往协助检查。

14.2.7.2 故障分析

现场抢修人员根据此种情况进行了推断，主要存在以下几种可能：

（1）配电房分路开关跳闸。

（2）户联线断线。

14.2.7.3 故障排查

现场情况：现场接线方式为配电房出线电缆上墙通过户联线至各用户表箱，单项用户为主，部分动力用户。

1. 检查用户侧

检查发现这几户人家的表计进行均无电压，其他用户家中的用电均正常。客户反映情况属实。

2. 判定单用户故障还是区域故障

检查附近用户，用电正常。判断为区域户故障。

3. 线路设备检查

（1）检查配电房分路开关是否跳闸。检查发现电房分路开关处于合闸位置，测量开关桩头电压正常。

（2）户联线是否断线。检查发现户联线 A 相断开。

（3）确认故障点。检查发现进户线在 A 相断开点后段搭接的单相用户停电、动力用户有缺相。

14.2.7.4 原因分析

导致断线的原因主要有外力破坏和运行维护不当。现场有挖机在施工，挖机施工人员操作挖机作业时，机械臂碰触导线导致户联线断线。

14.2.7.5 处理方式

现场抢修班组工作人员对断线处用压接管对接处理恢复供电，并套上警示管。